Jungfer im Grünen und Tausendgüldenkraut

Postfach 121111 | 10605 Berlin
www.transit-verlag.de

Umschlaggestaltung unter Verwendung zweier
Pflanzenzeichnungen (siehe Bildquellenverzeichnis)
und Layout: Gudrun Fröba
Druck und Bindung, CPI Group Deutschland
ISBN 978 3 88747 329 7

Rosemarie Gebauer

Jungfer im Grünen und Tausendgüldenkraut

Vom Zauber alter Pflanzennamen

: TRANSIT

Ein Brautkranz

Aus alten fliegenden Liederzetteln 16. Jh.,
in »Idunna und Hermode«, 1812,
nach Hoffmann von Fallersleben,
Die Deutschen Gesellschaftslieder

Ein Kränzlein ist gewunden
Dem liebsten Freunde mein
Von Kräutlein, die da stunden
In unserem Gärtelein,
Recht in dem schönen Maien,
Da alles grünen thut,
Da sich die Vöglein freuen
Und manches Thierlein gut.

Merk mir die Kräutlein eben,
Mein höchster EHRENPREIS.
Der du wol weißt zu leben
Auch ohn dies mein Geheiß,
Weil ich fortan soll wohnen
Bei dir, mein HERZGESPAN
Ein wenig wollst verschone
Was ich freundlich vermah

Das will ich dir itzt senden,
Mein tausend schöner Bul,
Nimm es zu deinen Händen,
Besieh es recht und wol,
Und laß es stets in Ehren
Für deinen Augen sein,
Thu dich des nicht beschweren:
Das bitt die Freundin dein.

JE LÄNGER JE LIEBER wirstu mir,
Sag ich aus Herzensgrund,
Je länger je lieber laß auch dir
Mich sein zu aller Stund.
Je länger je lieber haben
Wird Gott alsdann auch uns,
Dazu auch reichlich begaben,
Sein Lieb ist nicht umsunst.

Mein AUGENTROST der höchste
Der liebe Gott selber ist;
Mein Augentrost der nächste
Mein treuer Freund du bist.
Dein Augentrost ich bleibe,
Mein Trost gefalle dir;
Mein Äuglein sich erfreuen,
Wann sie dich sehn mein Zier.

Sei WOLGEMUTH von Herzen
Und bleib ein tapfer Held!
Sei wolgemuth ohn Schmerzen,
Wenn schon ein Regen fällt!
Fein wolgemuth laß über,
Duck dich ein kleine Zeit:
Die Sonn doch scheinet wieder
Und uns wie vor erfreut.

VERGISS MEIN NICHT in Treuen,
Wie ich mich des versieh;
Es wird dich nicht gereuen,
Das gläube sicherlich.
Dein will ich nicht vergessen
So lang ichs Leben hab;
Tu gleich herwieder messen:
Das ist die beste Gab.

Bei Tag und Nacht ich denke,
Wie ich mag dienen dir.
Zu Tag und Nacht mich kränket,
Wann du nicht bist allhier.
Dich Tag und Nacht behüte
Der getreu und liebe Gott
Durch seine große Güte
Für Schanden und für Schad.

MANNSTREU thu mir erzeigen,
Mein holder werther Mann!
Mannstreu gebührt dir eigen,
Drum nimm dich meiner an!
Mannstreu beweis in Ehren,
Die bistu schuldig mir!
Ich will hinwieder kehren
Mein weiblich Treu zu dir.

Inhalt

»Käsepappel«, so steht es in den Bestimmungsbüchern, wenn wir dort bei *Malva neglecta* und *Malva sylvestris* nachsehen. »Große Käsepappel« und »Kleine Käsepappel« werden die beiden Pflanzen genannt. Was sollen wir mit diesen Namen anfangen? Wo ist hier der Käse, wo die Pappel?

So geht es mit vielen Pflanzen, die uns im Garten und auf dem Balkon erfreuen. Aber auch in Wald und Feld, auf Wiesen und an Wasserrändern gibt es das »Vergissmeinnicht«, den »Großen Wiesenknopf« das »Lungenkraut«, die »Teichmummel« und wie sie alle heißen. Um diese alten volkstümlichen Namen geht es in diesem Buch. Dazu musste eine Auswahl getroffen werden, leider. Pflanzen, welche eindeutige Namen haben, wie zum Beispiel die »Sonnenblume«, sind hier nicht aufgeführt, wie auch Bäume und Sträucher nicht.

Die alten Namen bergen viele Geschichten, viele interessante Einblicke in die Welt unserer Vorfahren, die diese phantasievollen Namen erfanden. Ein Problem entwickelte sich dann im Laufe der Zeit: Manches Pflänzchen hatte an die hundert Namen, wie zum Beispiel das »Gänseblümchen«. In jeder Landschaft hieß es anders. Das konnte nicht gut gehen, zumal ab Mitte des 16. Jahrhunderts sich die Botanik als Wissenschaft herausbildete. Da mussten eindeutige Namen her. Und das ist bis heute so geblieben. Weltweit gibt es für jede Pflanzenart nur einen einzigen wissenschaftlich »abgesegneten« botanischen Namen. So ist eine Verständigung in allen Ländern und Sprachen möglich. Unser »Gänseblümchen« beispielsweise hieß ab dem Jahre 1753 nur noch *Bellis perennis*, weltweit. *Bellis* ist der Name der Gattung, *perennis* ist das so genannte »Artepitheton«. Durch diese beiden Worte ist das Pflänzchen namentlich definiert. Dabei wird der Gattungsname immer groß geschrieben, das Artepitheton immer klein. Drei Wörter im Namen gibt es nicht. Wenn das Artepitheton noch ein drittes Wort hat, wird es mit dem zweiten durch einen Bindestrich verbunden, zum Beispiel beim »Mönchspfeffer«, welcher *Vitex agnus-castus* heißt.

Auf die geniale Idee, eine jede Pflanze nach dieser Nomenklatur zu benennen, war der schwedische Botaniker Carl von Linné (1707-1778) gekommen. Sein 1753 erschienenes zweibändiges Werk »Species Plantarum« wurde auf dem Zweiten Internationalen Botanischen Kongress 1905 als Beginn der modernen Nomenklatur für Pflanzen bestätigt.

Diese Namensgebung ist bis heute Standard. Leider bereiten die botanischen Namen vielen Blumenfreunden, auch Blumenhändlern und anderen mit Pflanzen beschäftigten Menschen manchmal Verdruss, besonders dann, wenn Pflanzen umbenannt werden, von einer Gattung in eine andere versetzt werden oder einen völlig neuen Namen bekommen. Daran sind die wissenschaftlichen Untersuchungen »schuld«, die weltweit durch neue Methoden immer weiter verfeinert werden.

Die hier vorgestellten Pflanzen sind in der Mehrzahl Wildpflanzen und einheimisch. So ist es möglich, dass ihre Namen zum Teil seit Jahrtausenden bestehen wie zum Beispiel das »Schwalbenkraut«, bei uns eher unter »Schöllkraut« bekannt. Das wurde schon von den alten Römern nicht nur beschrieben, sondern auch begründet, warum es so heißt. Einige Pflanzen, welche nicht bei uns zuhause sind, habe ich hinzugenommen, zum einen weil sie so schöne Namen haben, wie das »Schlafmützchen«, das nicht nur eines ist, sondern auch eines hat, oder die »Passionsblume« mit ihren phantasievoll beschriebenen Blütenbestandteilen.

Die Frage, was ist einheimisch und was nicht, ist in der Botanik geklärt. Alle Pflanzen, welche vor dem Jahr 1492 mit oder ohne Hilfe des Menschen zu uns kamen, werden zu den einheimischen gezählt. Alle, die danach kamen, sind »Neophyten«.

Vieles, was in unseren Gärten wächst und gedeiht, kam erst zu uns, als die Schiffsreisen bequemer wurden und die Botanik sich international entwickelte. Auch die Alten Meister und die Renaissancemaler trugen mit ihren Gemälden dazu bei, Tulpen, Hyazinthen und Narzissen im eigenen Garten bzw. in den Gewächshäusern der Botanischen Gärten haben zu wollen.

Es sind schöne Geschichten, Sagen und Legenden, mit welchen unsere Vorfahren die Pflanzen versahen. Und sie schauten genau hin, zum Beispiel gruben sie Pflanzen auch aus, sahen die wie abgebissen aussehende Wurzel und machten sich Gedanken darüber, wer hier wohl zugebissen hat. Oder sie fanden auf dem unterirdischen Wurzelstock so etwas wie den Abdruck eines Siegels und nannten das Pflänzchen »Salomonssiegel«.

Schauen wir also ganz genau hin, wie es auch unsere Vorfahren getan haben. So können wir uns von der Schönheit der Pflänzchen, ihren phantasievollen Namen und Geschichten verzaubern lassen.

Alchemilla vulgaris

FRAUENMANTEL
KLEINE ALCHEMISTIN
TAUSCHÜSSELI

HÜBSCH IST DAS PLISSIERTE BLATT dieses eigenwilligen Rosengewächses. Es erinnert an einen gefalteten Umhang. In alten Kräuterbüchern findet sich unter seinem Namen die Bemerkung: »a foliis in plicas coactis«, was so viel heißt wie, die gefalteten Blätter ähneln einem Mantel. In Schlesien wurde es auch »Unser lieben Frauen Mantel« oder »Marienmantel« genannt gemäß der Vorstellung, dass die Gottesmutter die zu ihren Füßen Betenden in ihren Mantel einhüllt und beschützt. In Thüringen und Sachsen hieß die Pflanze auch »Unser lieben Frauen Nachtmantel«, in der Eifel »Herrgottsmäntelchen« und »Muttergottesmäntelchen«.

Doch neben diesen frommen Namen gibt es den botanischen Namen *Alchemilla*, die Kleine Alchemistin! Wieso gab man diesem Pflänzchen im Mittelalter diesen Namen? In der Goldmacherkunst wurden ihr Wunderkräfte zugeschrieben. Bei der Herstellung des Himmlischen Wassers war es unverzichtbar. Auch soll es beim Auffinden des Steins des Weisen »Lapis philosophorum« behilflich gewesen sein. Fest steht, sie war bei Alchemisten begehrt. Doch was von ihr? Es waren weder die Blüten noch die Früchte. Es war das, was das Blatt in seiner Mitte schmückte und heute noch schmückt: ein glitzernder, diamantähnlicher Tropfen.

Wenn die Sonne stark scheint, bilden sich winzige Tröpfchen am Blattrand. Diese rollen in die Blattmitte, sammeln sich, liegen dort nun vereint und leuchten wie ein einziger Diamant. Das musste göttlichen Ursprungs sein! Daher war in heidnischer Zeit die Pflanze der Göttermutter Frigga geweiht. Man glaubte, die Tropfen seien Tränen, von der trauernden Frigga geweint, als ihr Gemahl Odin zu fernen Völkern zog. Die Pflanze hatte nun den schönen Namen »Tränenschöne«.

In der Schweiz werden die Stauden »Tauschüsseli« genannt, da es aussieht, als nähmen die Blätter wie Schüsseln den »Tau« auf.

Damals wie heute war und ist man sich sicher, dass diese Tropfen etwas ganz Besonderes sind. Früher nahm man sie lediglich wahr; heute wissen wir, wie sie entstehen, nicht durch Gießkanne, Regen oder Tau. Die Pflanze produziert den »Diamanten« selbst. Dazu gibt es folgende pflanzenphysiologische Erklärung.

Am Blattrand tritt Wasser an Drüsen (Hydathoden) aus, besonders dann, wenn die Sonne stark scheint. Die Sonne bewirkt an jeder Pflanze, auch bei unserem Frauenmantel, den so genannten Transpirationssog; der führt von der Wurzel bis in die letzte Pflanzenzelle. Das übrig bleibende Wasser kann an vorgesehenen Stellen austreten. Normalerweise ist dies an den Spaltöffnungen auf der Blattunterseite der Fall.

Hier verflüchtigt sich das Wasser im gasförmigen Zustand, also als Wasserdampf. Doch beim Frauenmantel ist es anders. Das Wasser tritt aus den Poren am Blattrand nicht gasförmig, sondern im flüssigen Zustand aus! Dieser Vorgang hat in der Botanik einen eigenen Namen: »Guttation« und ist etwas ganz Besonderes.

Das Wasser ist durch die gesamte Pflanze »gesogen« worden und hat nun eine andere Zusammensetzung als bei seiner Aufnahme durch die Wurzel. Es heißt, dass man ein schönes Gesicht bekommt, wenn man sich damit wäscht. Das war ein Grund, weshalb die Zwerge sich so gerne mit diesem Wasser aus den »Schüsseln« wuschen und noch heute waschen. Probieren auch Sie es aus.

Es gibt Hunderte von Frauenmantelarten. Die bekannteste ist wohl *Alchemilla vulgaris*. Einen besonders schönen Namen hat der Alpen-Frauenmantel, *Alchemilla alpina*. Er heißt wegen seiner silbernen Behaarung auch »Silbermänteli«. Für die Bergfrauen gibt es den Berg-Frauenmantel, *Alchemilla monticola*.

Alisma plantago-aquatica

GEWÖHNLICHER FROSCHLÖFFEL
WASSERWEGERICH
FROSCHSCHNAPP

DASS DER FROSCH MIT EINEM LÖFFEL ISST, war den meisten Pflanzenliebhabern bisher nicht bekannt. Doch sieht man sich die Blätter an, klar, die gleichen einem Löffel, wie es in der gesamten Familie der Froschlöffelgewächse *Alismataceae* üblich ist! Und wer sollte damit essen, wenn nicht ein Frosch? Wohl bekomm's.

Das Epitheton *plantago-aquatica* klingt auch im deutschen Namen »Wasserwegerich« an. Der alte Name »Froschschnapp« aus Düsseldorf ist bemerkenswert. Der Gattungsname *Alisma* bleibt erst einmal – auch bei den Etymologen – ungeklärt.

Der »Gewöhnliche Froschlöffel« ist weit verbreitet, auch in Europa, und wächst als Sumpf- oder wurzelnde Wasserpflanze an den Ufern von Weihern, Teichen, Tümpeln und Gräben.

Alliaria petiolata

Knoblauchsrauke
Zwiebel ohne Zwiebel

Die im Mai blühende Knoblauchsrauke mit ihren vier winzigen weißen Blütenblättchen, wie es bei den Kreuzblütlern (*Cruciferae*) üblich ist, könnte bald die neue Modepflanze sein, wie es zur Zeit noch der Bärlauch ist. Bei der Knoblauchsrauke riechen und schmecken die Blätter beim Zerreiben stark nach Knoblauch. Die Pflanze wächst an allen Wegen und wäre so gut vor der Tür für einen geschmackvollen Salat frisch zu pflücken.

Der Name »Zwiebel ohne Zwiebel« weist darauf hin, dass die Pflanze zwar nach dem Zwiebelgewächs Knoblauch riecht, aber selbst kein Zwiebelgewächs ist und auch keine Zwiebeln besitzt. Der Gattungsname *Alliaria* erinnert daher an die Gattung *Allium*, zu der auch der Knoblauch gehört.

»Rauke« ist ein sehr alter Begriff, der heute für eine Gruppe aus der Familie der Kreuzblütler steht. Der Begriff stammt aus dem Romanischen »ruca« – wir denken an Rucola – bzw. aus dem Lateinischen, wo »eruca« Senfkohl bedeutet.

Anagallis arvensis

GAUCHHEIL
ARMER LEUTE WETTERGLAS
ROTER HÜHNERDARM

DER NAME »GAUCHHEIL« GEHT AUF den Volksglauben zurück, wonach dieses sehr zarte Primelgewächs die Kraft hat, Gespenster zu vertreiben bzw. gemäß dem Kräuterbuch von Leonhard Fuchs »Gauch und Gespenst« zu verscheuchen. Wegen der Ähnlichkeit mit der Gemeinen Vogelmiere und wegen der roten Blüten hieß sie »Rote Miere« oder auch »Roter Hühnerdarm«.

Da die Blüten morgens erst um 8 Uhr aufgehen und sich um 16 Uhr wieder schließen, die Blüten auch nicht aufgingen, wenn Regen zu erwarten war, wurde sie »Armer Leute Wetterglas«, in England »Poor man's weatherglass« genannt.

Im »Paradiesgärtlein« heißt es zu dem Blümchen:

Ja wie dies Kräutlein blüht und keimt,
Wenn nur die Sonn am heisten scheint,
und bald zu blühen auch aufhört,
Der Maul-Christ auch so einher fährt,
Mit großem Schein, Rhumreysigkeit,
Mit hohen Worten ist bereit;
Wenn's hell am Himmel schön und klar,
So ist er keck, das wiß fürwar,
Sobald das Wetter dann sich wendt,
Ihr Ruhm und Mut dann hat ein end.
(Reling & Bohnhorst: 166)

Antennaria dioica

Gemeines Katzenpfötchen
Hasenpfötlin
Himmelfahrtsblümchen

MIT UNSEREM KATZENPFÖTCHEN IST ES ziemlich schwierig, sowohl was den Namen betrifft als auch die Morphologie dieses komplizierten Korbblütlers. Ich möchte hier den Umgang mit den »Autoren« der botanischen Pflanzennamen ein wenig erklären. Wir versuchen es.

In alten Büchern finden wir das Katzenpfötchen nicht unter *Antennaria dioica (L.) Gaertn.*, sondern unter *Gnaphalium dioicum L.*. Das bedeutet, dass die von Linné beschriebene Pflanze von einem anderen Botaniker, hier Gaertner, in eine andere Gattung, die Gattung *Antennaria*, gestellt wurde. Das erklärt auch, warum unser Katzenpfötchen zwei Autoren hat: Linné in Klammern (wie immer beim sogenannten »Erstautor«) und Gaertn. (genormte Abkürzung für den sogenannten »Zweitautoren« Gaertner) ohne Klammer.

Das Katzenpfötchen war in alter Zeit sehr begehrt als Heilpflanze und in der Bevölkerung weit bekannt. Bei der Namensgebung standen verschiedene weichhaarige Tiere Pate. Auf die Katze einigte man sich in Bremen mit »Kattenpootchen«, in Schwaben mit »Katzendäpplein«, in Appenzell mit »Katzentälpli«. Das Berner Oberland bevorzugte »Hasenöhrli«, in Schlesien gab es »Hasenpfötlin«. Auch »Mausöhrlein« und »Müsöhrli« sind alte volkstümliche Namen.

Doch was ist katzen-, hasen- oder mausähnlich bei der Pflanze? Schauen wir es uns genauer an. Viele kleine Blütchen stehen bei dem Korbblütler gedrängt in einem Körbchen mit rosafarbenen Außenhüllblättern. Das sieht so zauberhaft und weich aus, dass der Vergleich mit einem Katzen- oder Hasenpfötchen auf der Hand liegt. Auch die Blätter des Katzenpfötchens sind auf der Unterseite mit weichem Filz überzogen. Daher fühlen sich diese wie der Pelz eines Katzenpfötchens an. Das empfand man auch in nicht-deutschsprachigen Ländern so, wo es »cat's foot« heißt.

In den Vereinigten Staaten wächst das wegerichblättrige Katzenpfötchen, *Antennaria plantaginifolia,* welches hier den Namen »pussytoes« trägt, also eher die Katzenzehen im Visier hat.

Auch im botanischen Namen finden wir einen Hinweis auf etwas Tierisches. Der Gattungsname *Antennaria* verweist auf »antenna«, was die Fühler von Insekten meint. An Insektenfühler fühlten sich die Botaniker erinnert, als sie die keulig verdickten Außenhüllblätter betrachteten, siehe die rosafarbenen »Antennen«.

Da es um Himmelfahrt, also zehn Tage vor Pfingsten blüht, führte es in Württemberg auch den Namen »Himmelfahrtsblümchen«.

Antirrhinum majus

GROSSES LÖWENMÄULCHEN
KALBSMAUL
KALBSNASE

Antirrhinum, DAS IST VON »RHINOS« ABGELEITET und bedeutet Nase. Doch welche Nase ist gemeint? An der Blüte, an der Frucht? Da streiten sich die Gelehrten.

Nein, das Pflänzchen heißt nicht »Löwenmaul«, sondern »Löwenmäulchen«, so samtig ist es.

Und ist es auch gefährlich? Wer wagt, ins Mäulchen zu blicken oder gar hinein zu kriechen? Das kann nur ein Bombus sein, eine Hummel. Die ist ziemlich groß und wie geschaffen, Unter- und Oberkiefer der Rachenblüte auseinander zu drücken und mit der Hälfte ihres Körpers darin zu verschwinden. Heraus schaut dann nur der weiß-braun-gelb geringelte Rücken. Und der ist pelzig, Der sich in der Blüte befindliche Hummelteil ist auch pelzig, was geradezu ideal für die Befruchtung ist. Am inneren Teil des »Oberkiefers« liegen angedrückt die Staubblätter mit Pollen zum Mitnehmen. Am benachbarten Stempel mit der Narbe wird der im Pelz mitgebrachte Pollen abgestreift. Ja, ich weiß, es ist kompliziert...

Während die Hummel mit der Bestäubung beschäftigt ist, betrachten wir deren gelbe »Pollenhöschen« an ihren beiden hinteren Beinchen.

Wenn Sie es der Hummel gleich machen wollen und mutig in den Rachen des gefährlichen Löwenmäulchens schauen möchten, legen Sie Daumen und Zeigefinger an den hinteren Teil der Blüte und drücken die Finger vorsichtig zusammen. Das Mäulchen geht auf und Sie können die weißen Zähnchen, sprich Staubblätter und Griffel, am »Oberkiefer« erkennen.

»Löwenmäulchen«! Wer hatte im Mittelalter schon einen Löwen gesehen? Da war es angebracht, die Pflanze »Hundskopf« und »Kalbsnase« in Schlesien und »Kalbsmaul« in der Schweiz zu nennen. Später war der »Leu« bekannt, und der Name »Leuenmaul« entstand in der Schweiz und »Liwenmeltcher« in Siebenbürgen.

Wie ein Tierchen sieht auch die Frucht des Löwenmäulchens aus mit einem lang herausragenden »Rüssel« (in Wirklichkeit ist dies der alte Griffel). Zu beiden Seiten des »Rüssels« sind kleine Klappen geöffnet. Warum wohl? Natürlich! Damit die wirklich winzigen Samen herausgepustet werden können. Manche »alten« Botaniker meinten, die Frucht mit den beiden Öffnungen sähe aus wie eine Nase. Auch meinten sie, die Frucht sähe von der Seite aus wie ein Nest, aus dem ein Vögelchen seinen Schnabel vorstreckt. Der Phantasie sind keine Grenzen gesetzt.

Aquilegia vulgaris

Gewöhnliche Akelei
Fünf Vögerl zsamm
Columbine

dieses blümchen hat in den letzten Jahren eine wahre Renaissance in unseren Gärten erlebt. Mittlerweile gibt es sie in allen möglichen Farbzusammenstellungen. Mir gefällt die dunkelblaue am besten.

Schon bei Hildegard von Bingen war sie unter dem Namen »Aglevа-Acoleia« zu finden; das ist der früheste Beleg für ihre Bezeichnung. Doch was bedeutete es? Albertus Magnus meinte, Aquilegia stamme vom lateinischen Aquila für Adler ab. Im Mittelalter war die Pflanze häufig auf den Gemälden Alter Meister zu entdecken, so auf dem »Paradiesgärtlein« eines oberrheinischen Malers von 1412. Die Akelei wurde in Beziehung gesetzt zum Heiligen Geist, dessen Sinnbild bis heute die Taube ist. Und wahrhaftig, im Englischen finden wir für die Pflanze den Namen »Columbine«, und das Gemälde von Francesco Melzi (s. S. 48) hat auch diesen Namen (neben »Flora« u.a.). Auf dem Gemälde betrachtet die lächelnde Flora in der erhobenen Hand eine Akelei, ein »Tauberl«, oder besser »Fünf Vögerl zsamm«. Das müssen Sie sich ansehen, im Mai. Auf der Abbildung aus dem »Gart der Gesundheit« ist dies gut zu erkennen. Wir zählen: fünf Tauben, aber nur fünf Flügel! Ja, mehr konnte das Pflänzchen für seine Vögelchen nicht tun. Zwei Tauben müssen sich einen Flügel teilen.

Botanisch betrachtet ist die Blüte ein Meisterwerk! Wie so oft bei den Hahnenfußgewächsen sind unfruchtbare Staubblätter bei der Blütenbildung mit im Spiel. Bei unserer Akelei haben sich aus diesen sogenannten Staminodien die fünf Honigblätter gebildet, welche für Kopf und Hals der Tauben verantwortlich sind. Wie der Name vermuten lässt, ist in diesen der Honigtisch, sprich die Nektarbar für die Insekten errichtet. Die Flügel der Taube dagegen sind aus »richtigen« Blütenblättern gebildet.

Arctium lappa

Grosse Klette
Soldatenknöpfe

UNSERE KLETTE AUS DER FAMILIE DER Korbblütler (*Compositae*) blüht und fruchtet von Juli bis November. Es gibt die Große Klette *Arctium lappa* und die Kleine Klette *Arctium minus*. In der Nachkriegszeit hießen die Kletten im Ruhrgebiet auch »Soldatenknöpfe«. Doch welche Pflanzenteile sind es, die sich als Klette bzw. Knopf gebrauchen ließen? Es sind die stacheligen Außenhüllblätter! Dazu einige botanische Hinweise:

Zunächst stehen ja bei der Familie der Korbblütler viele kleine Blüten, die mit Kelchblatt, Kronblatt, Staubblatt und Fruchtblatt ausgestattet sind, zusammen in einem »Korb«. Dieser Korb besteht aus Hüllblättern, welche in ihrer Gesamtheit »Außenhüllblätter« (*Involucrum*) genannt werden. Bei unserer Klette hat jedes Außenhüllblatt am oberen Ende ein Häkchen.

Diese kugeligen Gebilde werden vorsichtig abgepflückt und an ein möglichst wolliges Kleidungsstück geheftet. Sie bleiben haften wie eine Klette und können wie Knöpfe, die nicht angenäht werden müssen, genutzt werden. Im rechten Bild sehen Sie ein einzelnes Hüllblatt mit Haken.

Der botanische Name *Arctium* wird auch mit »arktos«, dem Bär, in Verbindung gebracht. Pflanzennamen, in deren Namen »Bär« vorkommt, sind sehr alt. Falls sich unser Name wirklich auf »arktos« bezieht, können wir uns das borstig raue Fell eines Bären vor Augen führen. Unsere Vorfahren beobachteten, wie solch ein Bärenfell den stacheligen Fruchtständen als günstige Transportmöglichkeit diente. So gelangten die Kletten dorthin, wo sie günstige Standorte vorfanden, um Nachkommen zu produzieren. Das ist ja der Sinn einer jeden Blüte, für Bestäubung und Befruchtung zu sorgen und dass schließlich die Frucht mit dem Samen verbreitet wird.

Dass wir heute Klettverschlüsse haben, verdanken wir dem Schweizer Ingenieur Georges de Mestral. Er entdeckte im Fell seines Hundes immer wieder Fruchtstände der Großen Klette. Unter dem Mikroskop entdeckte er die winzigen Häkchen. Die brachten ihn auf eine Idee, welche er 1951 zum Patent anmeldete. Der Klettverschluss war geboren. In den sechziger Jahren entwickelte sich eine neue Forschungsrichtung mit dem Ziel, aus der Natur zu lernen und Phänomene nachzugestalten, die »Bionik«.

Arnica montana

Bergwohlverleih
Schnupftabaksblume

»BERGWEGEBREIT«, »ENGELKRAUT«, »SONNENWIRBEL«, das sind drei Namen von über fünfzig, mit welchen die Pflanze in den verschiedenen Gegenden Deutschlands bedacht wurde.

Der Name »Wohlverleih«, wohl abgeleitet vom schlesischen »Wolverley«, sagt schon vieles über sie aus. Es heißt, wenn sie an Johanni gesammelt würde, besäße die Pflanze die größte Heilkraft und wurde daher auch »Johannisblomme« genannt.

Und was wurde gesammelt und genutzt? Das gesamte Kraut mit Blüten und der unterirdischen Sprossachse, dem Rhizom, verleiht dem Menschen das versprochene Wohlbefinden. Das ist nötig bei Verletzungen, Blutergüssen, Krampfadern und rheumatischen Muskel- und Gelenkschmerzen.

Früher gab man sich noch dem Genuss des Schnupfens hin. Getrocknete Blüten wie auch die Früchtchen wurden dazu fein zerrieben, mit Tabak vermischt und in die Nase gesogen. Das Niesen ließ nicht lange auf sich warten. Was dann wohl wohltat.

Arum maculatum

GEFLECKTER ARONSTAB
GLEITFALLENBLUME
PFARRER AUF DER KANZEL
HECKENPÜPPCHEN

WENN DER ARONSTAB BLÜHT, ist nur sein grünliches Hochblatt, die *Spatha*, und der daraus hervor lugende Kolben, der »Aronstab«, zu entdecken. Der Name erinnert an Aaron, den Bruder von Moses. Eigentlich müsste dann der Name der Pflanze auch »Aaronstab« lauten. Im 4. Buch Mose 17, 23 geht es um den Stab aus dem Hause Levi. Er war derjenige von zwölf Stäben, welcher grünte »… und die Blüte aufgegangen und Mandeln« trug. Auf diese biblische Geschichte wird der Name zurückgeführt.

Viele andere volkstümliche Namen beziehen sich auf den einem männlichen Glied ähnelnden Blütenkolben. So gab es Namen wie »Pfaffenpint« und »Penis sacerdotis«. Am Himmelfahrtstag gesucht, sollte die Pflanze besonders heilkräftig sein. Sie wurde als Aphrodisiacum benutzt und diente als Bestandteil eines Mittels, um die Liebe eines Mädchens zu erwerben bzw. um für reichen Nachwuchs zu sorgen. Ob das stimmt, ist nicht belegt. Eher ist wohl das Gegenteil eingetreten, da die Pflanze von oben bis unten sehr giftig ist. Aber das Zehrwurzelkraut wurde von Mädchen genutzt. Wenn diese zum Tanze gingen, legten sie es in ihre Schuhe und sprachen: »Zehrwurzelkraut, ich zieh dich in meine Schuh, ihr junge Gesellen lauft alle zu.« Hoffen wir, dass es geklappt hat.

Da der braunrote Kolben von einem gelbgrünen Hochblatt umgeben ist, sieht er aus wie ein in Windeln gewickeltes Kind. Daher hatte die Pflanze am Rhein den Namen »Heckenpüppchen«. Auch schaut der Kolben wie der »Pfarrer auf der Kanzel« aus dem Hochblatt hervor. In England hieß die Pflanze entsprechend »Person in the pulpit«.

Der Rhizom-Geophyt, ein mit einem walnussgroßen Rhizom überdauerndes Gewächs, wächst im Frühlingswald zusammen mit vielen anderen Frühjahrsblühern wie Buschwindröschen und Bärlauch. Oft finden wir zum Beispiel in Buchenwäldern große Areale mit dem Aronstab. Erkennbar ist die Pflanze an den breit pfeilförmigen Laubblättern, die manchmal gefleckt sind. Das grüngelbe Hochblatt lässt zwar den braunroten Kolben zum Teil frei, nach unten hat es eine Einschnürung und bildet dahinter einen Kessel. Man kann nicht ohne das Hochblatt zu beschädigen in den Kessel schauen, in dem sich der »getrenntgeschlechtige Blütenstand« befindet. Im folgenden wird erklärt, warum die Pflanze zu den Gleitfallenblumen gehört.

Der Kolben tut alles, um Fliegen anzulocken. Er stinkt, besonders dann, wenn er die »Heizung« angestellt hat und durch seine erhöhte Stoffwechselaktivität an die vierzig Grad Wärme erzeugt. Das mögen besonders die stark behaarten Schmetterlingsmücken, auch »Abortfliegen«, genannt. Die denken, es gäbe etwas zu holen. Doch weit gefehlt. Statt hier etwas für den Nachwuchs tun zu können oder selbst etwas Leckeres zu naschen, werden die Insekten ausgebeutet: Einmal angelockt, gleiten die Abortfliegen an den öligen Wänden in den »Kessel« vorbei an den Wärtern, den Streuhaaren. Die versperren den Ausgang, falls die Mücke auf die Idee käme, unverrichteter Dinge wieder hinaus klettern zu wollen. Nein, erst muss die Arbeit getan werden: Das heißt, sie müssen den von zuvor besuchten Aronstäben mitgebrachten Pollen weiter unten an den »Empfängnistropfen« der weiblichen Blüten zurücklassen. Das ist das Signal für die männlichen Blüten, ihre Staubbeutel zu öffnen und mit eigenem Pollen die sich nun am Grunde der Kesselfalle befindlichen Mücken zu bepudern. Am nächsten Morgen können die fleißigen Bestäuber wieder heraus, da nun die Streuhaare erschlafft und nicht mehr im Weg stehen. Zu fressen gab es nichts und auch für eine Eiablage war dies nicht der richtige Ort. Die Mücken sind regelrecht getäuscht worden. Daher gehört die Pflanze zu den »Insektentäuschblumen«.

Wir entdecken den Aronstab im Juli, wenn Hochblatt und oberer Kolben dahingeschwunden sind. Nur noch die dicht beieinander sitzenden roten Früchte (dichter als in der Illustration) leuchten weithin. Doch Vorsicht, die sind ebenfalls sehr giftig.

Sie fragen sich, was das für Blüten sind, fehlen doch sowohl Kelch- als auch Kronblätter. Hier besteht eine einzige männliche Blüte nur aus einem Staubblatt, eine einzige weibliche Blüte aus einem Fruchtknoten. Die Früchte stehen ohne Fruchtstiel an dem Kolben.

Aster

STERNBLUME
BLAU STERNKRAUT
SOMMERASTERN
KISSENASTERN

VON DEN STERNBLUMEN GIBT ES ZAHLREICHE Arten und Sorten in vielen unterschiedlichen Größen und Farben. Alle haben eins gemeinsam: Sie sind beliebte Gartenblumen. Sie kommen meist im Herbst zur Blüte und erfreuen uns mit ihren kräftigen Blütenfarben.

Die Gattung *Aster*, die der Familie der Korbblütler den Namen *Asteraceae* gab, ist mit über fünfhundert Arten sehr groß. Die meisten stammen aus Nordamerika und Ostasien. Nur an die zwanzig Arten sind in Europa zuhause. Wir haben es mit komplizierten Namen zu tun. Vertreter verschiedener Gattungen werden einfach »Aster« genannt, obwohl sie nicht zur Gattung *Aster* gehören. Da sagt der Volksmund was anderes als die Botanik.

Doch schauen wir kurz in die Geschichte unserer Sternblumen. Ab dem 17. Jahrhundert kommt in deutschen Gärten verstärkt die Bergaster *Aster amellus* vor, so im Jahre 1613 im Garten von Eichstätt. Wenig später beschrieb der Berliner Botanicus des Großen Kurfürsten, Elsholtz (1623-1688), sie als »Blau Sternkraut«. Für den Garten war sie bestens geeignet, da sie eine schöne Farbe hatte und lange blühte. Zu Beginn des 20. Jahrhunderts begann verstärkt die Züchtung von Sorten mit rosafarbenen Blüten.

Was heute in unseren Gärten blüht, sind bevorzugt die aus Nordamerika stammenden Raublatt-Astern, *Aster novae-angliae*, die Glattblatt-Aster, die zunächst nach Linné *Aster novi-belgii* hieß und nun den schönen Namen *Symphyotrichum novi-belgii* (L.) G.L. Nesom ihr eigen nennt. Und die Sommerastern.

Zu denen nun ein paar Worte. Sie sehen wie Astern aus, werden von Händlern auch oft so genannt, doch botanisch betrachtet sind es keine

Astern. Sie gehören der Gattung *Callistephus* an und stammen aus China. *Callistephus chinensis* war zunächst von Linné in die Gattung *Aster* gestellt worden, wurde jedoch im Jahre 1832 von dem Botaniker Nees ab Esenbeck (1776-1858) in eine völlig neue Gattung *Callistephus* eingeordnet. Sie ist die einzige Art in dieser Gattung, was in der Botanik »monotypisch« heißt. Dies ist alles ziemlich kompliziert.

Wie unterscheiden sich diese in unseren Gärten am häufigsten vorkommenden Arten? Dazu schauen wir uns Blätter und Blüten an. Sehen sie aus wie »Aster mit gänsefußartigem Blatt, einjährig, mit einer sehr großen prächtigen Blüte«, wie 1732 der Oxforder Botaniker Dillenius sie beschrieb, dann handelt es sich wahrscheinlich um die »Sommeraster«. Astern, wie *Aster novae-angliae* und *Aster novi-belgii,* haben schmale Blätter. Für den Garten sind dann noch die »Kissenaster«, *Aster dumosus,* und die Bergaster, *Aster amellus,* in Sorten geeignet. Ich hab von einer Gärtnerei gelesen, dass sie 320 Sorten Astern im Angebot hat. So ist das mit Blümchen, die den Züchtern am Herzen lagen und immer noch liegen und eifrig immer wieder kreuzen und kreuzen und kreuzen.

Wie auch immer, wir wollen uns wieder den »Sternblumen« widmen, von denen wir ja nun wissen, dass nicht alle, die so heißen, auch welche im wissenschaftlichen Sinne sind. Doch für uns hier sind nun alle Pflanzen, deren Blüten uns an Sterne erinnern, auch »Sternblumen«.

Wie die Aster entstanden ist und warum sie so heißt, ist in folgender Legende beschrieben: »Von der Aster aber heißt es: Gott habe dem Jesuskinde einen Engel als Spielgefährten zur Erde gesandt, dieser habe dem kleinen Johannes von den Sternen am Himmel erzählt, die seine Blumen wären, und ihm ein hell schimmerndes Samenkorn geschenkt. Johannes erzählte nun den anderen Kindern, dass er einen Stern in seinem Garten gesäet habe; als nun im Herbst die schöne Sternblume blühte, behielt sie den himmlischen Namen ›Aster‹ (Stern).« (Strantz: 226)

Im Kräuterbuch des Jacobum Tabernaemontanum von 1687 wird auf den Arzt Lonicer verwiesen: »... es meldet Lonicera, dass die Blume des Nachts schiene, wie ein Stern am Himmel also, dass es von Etlichen für ein Gespenst worden angesehn.«

Bellis perennis

Gänseblümchen
Marienblümchen
Maßliebchen

»BELLIS«, DAS IST »DIE SCHÖNE«. Die ist »perennierend«, ausdauernd. So wurde das kleine Blümchen von Carl von Linné als *Bellis perennis*, ausdauernde Schöne, beschrieben. Sie gehört zu unseren beliebtesten einheimischen Pflänzchen. Schon früh im Februar sieht man es zwischen den ersten Grashalmen auftauchen. Es schmückt bis in den Winter unseren Rasen, unsere Wege. Niemand pflanzt sie, niemand sorgt sich um sie. Sie kommt von ganz allein und sorgt für sich selber.

Das Gänseblümchen gehört zu den Korbblütlern, zu denen auch die Sonnenblume gehört, und ist wie diese aufgebaut. Nur ist sie sehr klein, also so etwas wie ein Sonnenblümchen. Außen stehen im Strahlenkranz die weißen glatten Zungenblüten, innen die winzigen gelben Röhrenblüten. Die weißen Blüten des Strahlenkranzes sind meist ein wenig rötlich gefärbt.

Die Gänseblümchen sind begehrtes Futter für unsere Gänse. Und so sind die Hausgänse auch gefärbt wie unser Gänseblümchen mit den Farben gelb und weiß. Und wenn die Gans auf einem Bein steht, ist die Ähnlichkeit mit dem Blümchen verblüffend, oder?

Ernst Moritz Arndt (1769-1860) schrieb ein Gedicht über die vielen Namen, mit denen das Blümchen bedacht wird:

Marienblümchen
Es blüht ein schönes Blümelein,
Das wächst auf grünen Auen,
Von innen und von außen fein,
Gar lieblich anzuschauen,
Bald bunt, bald rot und bald schneeweiß

Ist es des Lenzes frühster Preis,
Des Herbstes letzte Freude.

Die kleinen Kinder, die es seh'n,
Die klatschen in die Hände
und schmeicheln: »Gänseblümchen schön!
O tausendschön!« ohn' Ende.
Sie winden es in jeden Kranz,
Sie treten darauf bei jedem Tanz –
Das süße Tausendschönchen.

Und siehet es ein zärtlich Herz
Auf grünem Anger prangen,
So fühlt es sich von süßem Schmerz
und süßer Lust gefangen.
»Masliebchen!« ruft es, »her zu mir!
Und lehre mich der Tugend Zier
In Freude rein bewahren!«

Und sieht es eine fromme Frau,
Sie nennt's Marienblümchen
Und herzt es: Schönstes Kind der Au'
Und kleines Himmelsmühmchen!
Und betet zu dem Sternenglanz:
»Lass mich, o Gott, im Engelkranz
So still demütig stehen.«

So glüht das schöne Blümelein,
das viele Namen träget
und in der Demut stillem Schein
So hohe Wunder heget.
Du, der das Blümchen schön gemacht,
Nimm deine Blümlein all' in acht,
Dass sie so lieblich blühen!

Das Tausendschönchen ist eine kultivierte Sorte unseres Gänseblümchens mit vielfachem Strahlenkranz, die im Frühling gerne in den Garten oder in die Balkonkästen gepflanzt wird.

Calendula officinalis

GARTENRINGELBLUME
MORGENRÖTHE
SUMMERLOWE

GERINGELTES SEHEN WIR BEI DIESEM KORBBLÜTLER erst dann, wenn die Früchte reif sind. Diese liegen in einem Ring zusammen im Körbchen. Je nachdem, ob sie innen oder mehr nach außen reifen, sind die einzelnen Früchtchen unterschiedlich ausgebildet. Doch alle haben eine Mondsichelform. Das brachte der Pflanze auch den Namen »Mondknöpfe« und »Moonknöpp« ein. Nehmen Sie einmal alle reifen Ringelblumenfrüchte aus dem Korb und betrachten die unterschiedlichen Formen.

Ringe sind Symbole des ewigen Lebens. Das war auch der Grund, weshalb Ringelblumen früher gerne auf Gräber gepflanzt wurden. Daher hieß sie »Todtenblume« in Salzburg, Augsburg und Thüringen, »Kirchhofsblume« und »Totenköpfchen«, »Ringelblome« an der Weser, »Ringeli« in Sankt Gallen, »Ringella« und »Ringula« bei der Heiligen Hildegard vor tausend Jahren.

Mit dem botanischen Namen *Calendula* ist es kompliziert. »Calendae«, der Monatserste, führte zu Namen wie »Morgenröthe« und »Regenblume«. Diesen Namen lag folgende Beobachtung zugrunde: »Die Blüte öffnet sich am Morgen, folgt den Tag über dem Lauf der Sonne und schließt sich zur Nacht. Dem Bauern dient sie als Barometer; bleibt sie morgens geschlossen, so ist mit Bestimmtheit Regen zu erwarten.« So steht es in einem volkskundlichen Wörterbuch. Von Etymologen wird diese Herleitung heute verworfen. Die möchten *Calendula* lieber in Richtung auf die durch Carotinoide hervorgerufene goldgelbe Farbe der Blüten lenken. Es gab eine Anzahl von Namen, welche sich auf die gelbe Farbe bezogen: »Goltblume«, »Golte Blom«,

»Goldrose«, »Sonneblom«. Auch sollen die Blüten zur Färbung der Butter verwandt worden sein. So hieß sie in Schlesien »Butterblume« und hatte dort außerdem den schönsten Namen: »Summerlowe«. Ein Löwe mit wallendem goldgelbem Kopfschmuck im Sommer! Wie schön ist das denn!

Eine befriedigende Ableitung des botanischen Gattungsnamen liegt leider nicht vor. Aber Geheimnisse um unsere *Calendula* sind ja auch schön. Die »Ringelblume« jedenfalls ist durch die Jahrhunderte geblieben.

Das Artepitheton *officinalis* weist auf die Verwendung als Heilpflanze hin. Seit den Schriften der Heiligen Hildegard sind die Heilkräfte der »Ringula« bekannt. Und noch heute heilen und pflegen Salben, Tinkturen und Zahncreme mit Calendulablüten.

»Ringelrose« und »Butterblume«! Sie sind in einem alten Kinderlied lebendig geblieben:

Ringel, Ringelrose,
Butter in der Dose,
Schmalz in dem Kasten,
morgen woll'n wir fasten,
übermorgen Lämmlein schlachten,
das soll schreien »Mäh!«

Campanula

Glockenblume

Wir kennen sie alle, diese zarten, wunderbar blau gefärbten »Glockenblumen«. Besonders die filigranen »Rundblättrigen Glockenblumen« (*Campanula rotundifolia*) sind ein richtiger Augenschmaus, wenn sie im Sommerwind leicht hin und her schwingen. Man meint, kleine Glöckchen zu vernehmen, wenn wir sie auf Wiesen, Wegrändern oder an Felsstandorten antreffen. Auch ein Bischof meinte, die Glocken läuten zu hören, als er auf einer Waldwiese unterwegs war.

Eintausendsechshundert Jahre ist es her, dass auf dem Dom zu Nola, nahe von Neapel, die erste Kirchenglocke ertönte. Der gelehrte und fromme Bischof Paulinus hatte sich die Form bei der Glockenblume abgeschaut, wie die Legende berichtet: »Die Sonne begann unterzugehen, als der fromme Mann über eine Waldwiese still sinnend dahin schritt. Der goldige Purpur des Abends durchglühte das üppige Blattgrün der leise rauschenden Bäume. Es herrschte ringsherum solch ein seliger Frieden, dass Paulinus unwillkürlich die Hände faltend ausrief: ›Sei gebenedeit und gepriesen, Herr der Welten, in Deinem irdischen Himmel. O gib mir ein Zeichen, dass Du jetzt bei mir weilst und bei mir bleiben wirst bis an das Ende meiner Tage!‹

Da begann es leise, ganz leise im Umkreis zu klingen. Der Beter gewahrte, wie die blauen Blumen rings ihre Köpfchen im Abendwinde wiegten und die zarten Stempeln sich hin und her bewegten. Zur Erinnerung an diese selige Stunde ließ der gottesfürchtige Bischof zu Nola im Dom eine Riesenglockenblume gießen. Sie erklang stets beim Gebet der frommen Gemeinde.« (Reling & Bohnhorst: 101)

Capsella bursa-pastoris

ECHTES HIRTENTÄSCHEL
HERZKRAUT
SCHINKENKRAUT
BLUTKRAUT

VOM APRIL BIS IN DEN HERBST HINEIN sehen wir diesen Kreuzblütler mit den winzigen weißen Blütchen überall auf Wiesen und an Wegen. Wenn oben noch geblüht wird, werden am unteren Stängelabschnitt bereits die Früchtchen ausgebildet. Die Form dieser Früchtchen gaben der Pflanze ihren Namen. Das lateinische »capsula« kennen wir heute noch vom Wort Kapsel. Das Epitheton besteht aus zwei Worten, die durch einen Bindestrich verbunden sind, wie es der internationale Code der Botanischen Nomenklatur vorschreibt. Bei »bursa« denken wir an Börse, die Geldbörse, das Portemonnaie. »Pastoris« kennen wir von Beethovens »Pastorale«, die ländliche Sinfonie. Großzügig übersetzt sind wir nicht beim Bauern-, sondern beim »Hirtentäschel« angelangt, also bei der Börse, dem Täschel der Hirten, im Englischen bei »Shepherd's purse«.

Halten wir ein reifes Früchtchen gegen die Sonne oder öffnen die kleine Börse, sind wir erstaunt: Bis zu 24 winzige Samen sind wunderbar verpackt in zwei Fächern. Ein fleißiger Mensch hat die Samen der Nachkommen einer einzigen Pflanze im Verlaufe einer Vegetationszeit gezählt, welche bis zu vier Generationen hervorbringen kann. Er kam auf zirka 64.000 Samen!

Machen wir es der Berliner Schriftstellerin Bettine von Arnim nach. Sie kannte zunächst nur den Namen »Schäfertäschchen«. Der Name hat sie neugierig gemacht und sie suchte nach dem Pflänzchen, auf welches der Name passen könnte. Sie fand es und war begeistert vom kleinen »Schäfertäschchen« mit den Samenperlen. Bettine schrieb: »Wie hab ich gewühlt im Gras und hab gesehen, wie eins neben dem andern sich hervordrängt. Manches hätte ich vielleicht übersehen bei der Fül-

le; aber sein schöner Name hat mich mit ihm vertraut gemacht, und wer sie genannt hat, der muss sie geliebt und verstanden haben. Das kleine Schäfertäschchen zum Beispiel: ich hätte es nicht bemerkt; aber wie ich seinen Namen hörte, da fand ich's unter vielen heraus; ich musste ein solches Täschchen öffnen und fand es gefüllt mit Samenperlen...« (Bettina von Arnim: 21. Kapitel. S. 5).

Das einzelne Früchtchen vom Hirteltäschel ist botanisch betrachtet ein Schötchen, keine Schote, die ist länger. Die Frucht unseres Kreuzblütlers, in dessen Familie nur Schoten und Schötchen vorkommen, ist ja herzförmig – daher wurde es auch »Herzkraut« genannt. Und man kann es essen, am besten zum Schinken, was den Namen »Schinkenkraut« aus der Prignitz erklärt.

Noch heute werden angehende GynäkologInnen nach dem Kraut gefragt, da es bei Frauenleiden eingesetzt wird. In Schlesien nannte man das Kraut auch »Blutkraut«, da es bei blutenden Hautverletzungen und Nasenbluten geholfen haben soll, was Hildegard von Bingen zum Namen »Bluthwurz« verleitete.

Cardamine pratensis

WIESENSCHAUMKRAUT
PFINGSTBLUME
KÄLBERKES

WENN DAS »WIESENSCHAUMKRAUT« BLÜHT, dann bedeckt es mit seinen leicht lilafarbenen Blüten die Wiesen. Es sieht aus, als ob hoch gehende Wellen einen Schaum zurücklassen. Kommt der Name daher? Oder ist es der Schaum, welcher am Stängel des Kreuzblütlers zu sehen ist? Die Wiesenschaumzikaden mögen den Pflanzensaft und finden, dass ihre Jungen den auch vorfinden sollen, wenn sie schlüpfen. Also legen sie auf den Pflanzen ihre Eier ab, aus denen von April bis Mai die Larven schlüpfen und sich gleich mit dem Pflanzensaft beköstigen und Schaum schlagen. Dabei pumpen sie Luftbläschen in eine Flüssigkeit mit Eiweiß. Und der Schaum ist fertig. Was das soll? Der Schaum ist wie eine Schutzhülle um die Larven ausgebreitet und hält diese schön feucht und gut temperiert.

Am Niederrhein hatten die Pflanzen auch den schönen Namen »Kälberkes«. Die in Gruppen stehenden Pflänzchen heben sich auf der grünen Wiese ab wie bunte Kälbchen. Auch andere Tiere waren in den Namen vielfach vertreten. Da gab es »Hahnenbloum«, »Hühnerblume«, »Karlsterz«, »Guggugsblum«, »Storcheblumm« und »Hasebrot«.

Eine verwandte Art, die »Zwiebel-Zahnwurz«, *Cardamine bulbifera*, hat einen nicht so üblichen Weg der Verbreitung entwickelt. Sie treibt aus ihren Blattachseln so genannte Brutknospen, braun-violett gefärbt. Die Pflanzen sind nicht auf sexuelle Vermehrung und Samenbildung angewiesen. Sind die Brutknospen reif, fallen sie einfach ab und bilden selbst ein Pflänzchen. Praktisch und gut ausgedacht.

Doch was soll der »Zahn« im volkstümlichen Namen, der im Mittelalter sogar *Dentaria minor* lautete? Was *Dentaria* bedeutet, weiß jeder, der schon einmal einen Zahnarzt aufsuchen musste.

Also wo suchen wir nach den Zähnen? Sie sind nur unter der Erde zu finden, am Rhizom, der unterirdischen Sprossachse. Die ist hier auch als Sprossachse zu erkennen, da sie die »Zähne«, das heißt, die zahnförmigen Blätter vorweist! Eine Wurzel hat nie und nimmer Blätter! Daran unterscheidet sie sich im wesentlichen vom Spross. Die Zähnchen sind wirklich sehr klein, eher die eines Kleinkindes. Aber immerhin! Im Botanischen sagt man auch »zahnförmige Niederblätter«.

Zähne am Rhizom

Centaurium erythraea

ECHTES TAUSENDGÜLDENKRAUT
BITTERKRAUT
LAURIN

IN ALTEN BÜCHERN FINDEN WIR DAS »Tausendgüldenkraut« unter dem botanischen Namen *Erythraea centaurium*. Das Tausendgüldenkraut aus der Familie der Enziangewächse (*Gentianaceae*) hat noch viele andere volkstümliche Namen. So hieß es »Bitterkraut« und »Fieberkraut«, auch »Gottesgnadenkraut«. In Ostpreußen hatte es den Namen »Laurin« nach dem sagenhaften Zwergenkönig, welcher einen Rosengarten sein eigen nannte. Dem zarten Pflänzchen, welches im Juni blüht, wurde so viel Schönes und Gutes angedichtet!

In seinem Namen ist von Gold die Rede und eventuell von einem Wesen aus der Mythologie, dem Zentauren. Für den Gattungsnamen *Centaurium* gibt es zwei Deutungen: *Centum* bedeutet im Lateinischen »Hundert« und *aurum* steht für »Gold«. Will man jedoch eine große Menge bezeichnen, dann wird nicht die Hundert genommen, sondern die Tausend.

Machen wir einen Ausflug in die griechischen Mythologie, wo der heilkundige Cheiron, der halb als Mensch halb als Pferd gewachsene Centaur, Pate für den Namen gewesen sein könnte, war doch die Pflanze in der Antike eine begehrte Heilpflanze. Die hauptsächlich im mediterranen Raum wachsende Staude wurde sogar in Amerika angebaut und ist nun als sogenannter »Neophyt« dort eingebürgert. Wildbestände aus Südosteuropa sind besonders gefragt.

Friedrich Rückert, Dichter und Professor für orientalische Sprachen und Literatur (1788-1866), hatte beobachtet, dass sich die Blüten des Tausendgüldenkrauts schließen, sobald Regen angesagt ist. Wie die Blüten des Krauts schlossen seine beiden Kinder, eines 1833 und das zweite 1834, für immer ihre Augen. Hier eines seiner »Kindertotenlieder«, von denen einige von Gustav Mahler vertont wurden:

Wenn das Tausendgüldenkraut
Offen blüht in Waldgehegen
Darf gewiss sein, wer es schaut,
Dass es hat bei Nacht getaut
Und am Tage kommt kein Regen.

Als ein Tausendgüldenkraut
Blütest du an meinen Wegen
Und so lang ich dich geschaut,
War die Nacht nur lustbetaut,
Und der Tag hell ohne Regen.

Schönes Tausendgüldenkraut
Wie sich nun zusammenlegen
Deine Blätter seufz' ich laut;
Ach, die Nacht hat stark getaut,
Und der ganze Tag ist Regen!

Chelidonium majus

SCHÖLLKRAUT
SCHWALBENKRAUT
AUGENKRAUT
WARZENKRAUT

DIESE KULTURGESCHICHTLICH SEHR ALTE PFLANZE grünt das gesamte Jahr über. Ab Ende April entfalten sich ihre kleinen, doch weithin leuchtenden gelben Blüten. Pflanzenfreunde wissen auch vom gelben Milchsaft. Von dem heißt es, er lasse Warzen verschwinden. Das brachte ihm in Österreich den Namen »Warzenkraut« ein. Darüber hinaus gibt es noch eine Reihe volkstümlicher Namen, die auf interessante Auslegungen neugierig machen. Da gibt es Hinweise auf die Augen, zum Beispiel »Schwalbenkraut«, »Augenkraut«, »Lichtkraut«, »Ogenklar« aus Ostfriesland, »Schielkraut« aus Schwaben.

Zwischen Augenkraut und Schwalbenkraut gibt es eine Verbindung, die uns in die Antike führt. Als »Schwalbenkraut« wurde die Pflanzenart bei einem Vater der Botanik, bei Leonhart Fuchs, im 16. Jahrhundert bezeichnet. Doch schon der griechische Naturforscher Theophrastos (4. Jh. v. Chr.) und der berühmteste Pharmakologe des Altertums, der Grieche Dioskurides (1. Jh.), diskutierten diesen Pflanzennamen. Theophrastos soll der Pflanze den Namen *chelidonion* nach dem griechischen Wort »Chelidon« für Schwalbe gegeben haben. Er hatte beobachtet, dass die Pflanzen blühen, wenn die Schwalben im Frühling von ihrer Reise zurückkehren. Mit der herbstlichen Rückreise der Zugvögel ist auch die Blühzeit unseres Schwalbenkrauts beendet.

Nach dem römischen Gelehrten Plinius (1. Jh. n. Chr.) gibt es folgenden Zusammenhang zwischen Pflanze und Schwalben. Es hieß, das Kraut habe »gesichtsschärfende« Eigenschaften. Das bedeutet, dass nach der Behandlung blinder Schwalbenjungen mit dem Saft der Pflanze die Sehkraft zurückkehre. »Und oft wird eines von den Jungen blind, und gleich kommt das Weibchen in der Wüste und bringt ein

Kraut, legt es auf die Augen des Erblindeten, und sogleich wird es heil und kann wieder sehen« heißt es im »Physiologus«, der Naturlehre aus dem 2. bis 4. Jahrhundert n. Chr.. Im 15. Jahrhundert malten die Alten Meister das »Schöllkraut« auf Tafelbilder. Sollte dies ein Hinweis auf die gesichtsschärfenden Eigenschaften sein und blinde, d.h. ungläubige Menschen durch das Gott-Erkennen sehend, d.h. gläubig werden?

Im Mittelalter wurde der Name *Chelidonium* als *caeli donum* gleich Himmelsgeschenk interpretiert. Es galt als Sinnbild für ein ausgeglichenes Leben.

Die gelbe Blütenfarbe bedeutete den Alchemisten, dass mithilfe der Pflanzenwurzel Gold herzustellen sei. Daher hatte die Pflanze in der Eifel den Namen »Goldwurz«. Laut Signaturenlehre war wegen der gelben Farbe der Blütenblätter auf Heilung der Gelbsucht zu rechnen. Es wurden stark wirksame Alkaloide in der Pflanze nachgewiesen. Haben diese Albrecht Dürer wieder gesund gemacht? Dürer soll unter Milzbeschwerden und Leberschwellung gelitten haben. Er sandte seinem Arzt ein Selbstbildnis, auf dem er auf die schmerzenden Stellen zeigte: »Da, wo der gelbe Fleck ist und worauf ich mit dem Finger deute, da tut es mir weh.« Das vom Arzt verordnete Schöllkraut half Dürer, der ihm zum Dank ein Bild von der Pflanze schenkte, das heute in Wien in der Albertina zu sehen ist.

»Schöllkraut«, der heute gebräuchlichste Name, war bereits in alter Zeit sehr verbreitet. Alle drei Väter der Botanik, Otto Brunfels (1488-1534), Hieronymus Bock (1498-1554) und Leonhart Fuchs (1501-1566), favorisierten diesen Namen. Andere Namen klingen ähnlich: »Schellewurz«, »Schellchrut« in St. Gallen, »Schöllkrut« in Mecklenburg, »Scheltwurz«, »Schelwort« und »Schelwurz«. Und es gab auch das »Schielkraut« in Schwaben. Da liegt es doch nahe, dass die Namensherkunft von »Schöllkraut« in diesem Kontext zu suchen ist! Aus »Schielkraut« und »Schelwurz« wurde »Schöllkraut«! Aber die Schwalbenkinder waren doch blind! Oder schielten sie nur?

Chenopodium bonus-henricus

Guter Heinrich

DER »GUTE HEINRICH« GEHÖRT ZU DEN Gänsefußgewächsen (*Chenopodiaceae*), was ja schon eine interessante Familienzugehörigkeit verspricht. Um zu wissen, warum die Familie so genannt wird, schauen wir uns ihre Blätter an. Was meinen Sie, laufen die Gänse auf solchen Füßen? Ich meine: Ja.

Doch »Guter Heinrich«?! Carl von Linné hat diesen alten Namen übernommen und im Epitheton sehen wir es genau übersetzt. Dort heißt es *bonus-henricus*.

Das »bonus«, »Guter« ist bald geklärt. Der Gute Heinrich ist ein gesundes und wohl schmeckendes Gemüse, was die jungen Blätter betrifft. Die können wie Spinat zubereitet werden. Wenn gerade kein Brokkoli zur Hand ist, können auch die jungen Blüten bzw. Blütenknospen schmackhaft zubereitet werden. Die winzigen Samen kann man zu Mehl mahlen und daraus Brot backen.

Kommen wir zum »Heinrich«. Es gibt zwei Möglichkeiten, den Namen zu erklären. Dazu reisen wir ins 16. Jahrhundert, zu Heinrich dem IV. (Henri Quatre). Französische Schriftsteller vermuten, der »Gute Heinrich« sei nach diesem König benannt, da der so gut war, sich um seine armen Untertanen zu sorgen. Die Pflänzchen wären um die Hütten der Armen gewachsen und hätten anderes Gemüse ersetzt. Leider können wir das heute nicht mehr nachvollziehen, weil der Gute Heinrich als Gemüse so gut wie nicht mehr angeboten wird.

Wenn es nicht der gute König Heinrich war, dann gaben die Elben oder gar der arme Heinrich der Pflanze den Namen. Das diskutierte Jakob Grimm und bringt die Heinzelmännchen ins Gespräch: »Ich erkläre die Namen (gut Heinrich, rot und stolz Heinrich) aus den Vorstellungen von Elben und Kobolden, die gern Heinz oder Heinrich heißen, was hernach auf Teufel und Hexen überging. Solchen dämonischen Wesen schrieb man die Heilkraft des Krautes zu. Selbst die ihrem Ursprung nach unerforschte Sage vom armen Heinrich könnte mit dem Kraute zusammenhängen, das den Aussatz heilte.«

Der erwähnte »arme Heinrich« geht auf ein gleichnamiges Versepos von Hartmann von Aue aus dem 12. Jahrhundert zurück. Der an Aussatz erkrankte Heinrich konnte nur geheilt werden, wenn ihm eine Jungfrau ihr Herzblut opfern würde. So könnte der arme Heinrich auch unser guter Heinrich sein, von dem die Heilwirkung bei Hauterkrankungen vor langer Zeit schon bekannt war.

Neben dem guten und heilkräftigen Heinrich gab es auch den bösen Heinrich. In manchen Gegenden wurde das giftige Bingelkraut (*Mercurialis*) so genannt.

Cichorium intybus

GEMEINE WEGWARTE
WEGELEUCHTE
SONNENBRAUT

SIE HAT SOLCH SCHÖNE HELLBLAUE BLÜTEN! Ab Juli sehen wir die Wegwarte an vielen Acker- und Wegrainen. Doch nur zu einer bestimmten Tageszeit zeigt sie uns ihr zartes Gesicht, und zwar zwischen fünf Uhr morgens und 16 Uhr. Dann sind die Körbchen unseres Korbblütlers direkt der Sonne zugewandt, weswegen sie auch »Sonnenbraut« (*solsequium*) und »Sonnenwirbel« genannt wurde.

Die Schönheit der einzelnen Blüte ist nur an einem Tag zu sehen. Bereits am nächsten Tag ist sie erloschen. Nach der Blüte wird an der Herausbildung der Frucht gearbeitet. Doch an anderen Stellen des Sprosses gehen weitere Blüten auf. So gibt es jeden Tag neue. Es sind ja so viele an einer Pflanze!

Das besondere an diesem Blütenstand ist, dass sich darin nur sogenannte Zungenblüten befinden. Nach Röhrenblüten, wie sie im Innern beim Gänseblümchen oder der Sonnenblume zu finden sind, suchen wir hier vergeblich. Es gibt eine Reihe von Korbblütlern, welche nur Zungenblüten haben, so unser Löwenzahn oder das Habichtkraut.

Früher waren alle Korbblütler, ob mit oder ohne Röhrenblüten, in der Familie namens *Compositae* vereint. Dann nahm man die Trennung dieser sehr großen Familie vor und gründete zwei Familien: die *Cichoriaceae* und die *Asteraceae*.

Cichorium hieß die Pflanze bereits im Mittelalter, so in Mecklenburg. Dann bekam sie viele Namen, welche sich auf Wege bezogen, auf denen Wild und somit Jagdhunde liefen. Die Pflanze hieß nun »Hindlauf«, »Hindlichte«, »Hundslauf« usw. »Wegeleuchte«

in Schlesien, »Weglug« in Braunschweig. Als »Wegwarte« war sie in Österreich in einem der ersten gedruckten Kräuterbücher, im »Gart der Gesundheit« aus dem Jahre 1485, aufgeführt.

Je bekannter eine Pflanze ist und/oder über große auffällig gefärbte Blüten verfügt und – wie hier – bevorzugte Standorte hatte, umso mehr Geschichten und Gedichte rankten sich um sie. Unsere Wegwarte ist so eine Blume, die am Wege wartet. Wer ist sie? Und auf wen wartet sie?

Der Schriftsteller Julius Wolff (1834-1910) wusste, dass einstmals ein bleiches Jungfräulein Wurzeln geschlagen hatte beim Warten auf den Herzallerliebsten.

Wegewart!
Es wartet ein bleiches Jungfräulein
den Tag und die dunkle Nacht allein
auf ihren Herzliebsten am Wege,
wartet am Wege, Wegewart!

Sie spricht: »Und wenn ich hier Wurzeln schlag'
und warten soll bis zum jüngsten Tag,
ich warte auf ihn am Wege, warte am Wege, Wegewart!«

Vergessen hat sie der wilde Knab',
Und wo sie gewartet, da fand sie ihr Grab,
Ein Blümelein sprießet am Wege,
sprießet am Wege, Wegewart!

Von einem armen Mädchen in blauem Kleide ist die Rede in dem Gedicht von Isolde Kurz (1853-1944):

Mit nackten Füßchen am Wegesrand,
die Augen still ins Weite gewandt,
saht ihr bei Ginster und Heide
das Mädchen im blauen Kleide?

Das Glück kommt nicht in mein armes Haus,
drum stell ich mich hier an den Weg heraus;
und kommt es zu Pferde, zu Fuße,
ich tret ihm entgegen mit Gruße.

Es ziehen der Wanderer mancherlei
zu Pferd, zu Fuß, zu Wagen vorbei.
Habt ihr das Glück nicht gesehen?
Die lassen sie lachend stehen.

Der Weg wird stille, der Weg wird leer.
So kommt denn heute das Glück nicht mehr?
Die Sonne geht rötlich nieder,
Ihr starren im Wind die Glieder.

Der Regen klatscht ihr ins Angesicht,
Sie steht noch immer, sie merkt es nicht:
Vielleicht ist es schon gekommen,
Hat die andere Straße genommen.

Die Füßchen wurzeln am Boden ein
Zur Blume wurde der Augen Schein.
Sie fühlts und fühlt sich wie im Traume,
Sie wartet am Wegessaume.

Nach einer Sage aus der Oberpfalz wartete nicht ein »gemeines« Mädchen, sondern eine schöne Prinzessin auf ihren Liebsten, ebenso vergeblich. Und dann sagt sie:

»Eh dass ich lass das Weinen stahn,
will lieber auf die Wegscheid gahn,
ein' Feldblum dort zu werden.«

Am Abend neigt sie traurig ihr Köpfchen, denn der, auf den sie wartet, kommt nicht.

Convolvulus arvensis

Muttergottesgläschen
Ackerwinde

IM RHEINLAND WAR DER NAME »MUTTERGOTTESGLÄSCHEN« für dieses Pflänzchen bekannt. In meinen Kindertagen war dieser Name die erste Begegnung mit dem Zauber, welcher von schönen, hier auch verheißungsvollen Pflanzennamen ausgeht. Ein Gläschen von der Muttergottes! Ich habe den Namen geliebt. Er öffnete meine Phantasie zu Geschichten. Die Ackerwinden mit den zahlreichen weißen, rotgestreiften Blüten wuchsen an den Bahngleisen, auf welchen die Kohlezüge vom Schacht fuhren. Die Geschichte vom »Muttergottesgläschen« habe ich damals nicht gekannt. Nun habe ich sie als Legende bei den Grimms gefunden! Hier die Geschichte, wie die Ackerwinde zu ihrem Namen kam:

»Es hatte einmal ein Fuhrmann seinen Karren, der mit Wein schwer beladen war, festgefahren, so dass er ihn trotz aller Mühe nicht wieder los bringen konnte. Nun kam gerade die Mutter Gottes des Weges daher, und als sie die Not des armen Mannes sah, sprach sie zu ihm: ›Ich bin müd und durstig, gib mir ein Glas Wein, und ich will dir deinen Wagen frei machen.‹

›Gerne‹, antwortete der Fuhrmann, ›aber ich habe kein Glas, worin ich dir den Wein geben könnte.‹

Da brach die Mutter Gottes ein weißes Blümchen mit roten Streifen ab, das Ackerwinde heißt und einem Glase sehr ähnlich sieht, und reichte es dem Fuhrmann. Er füllte es mit Wein, und die Mutter Gottes trank ihn, – und in dem Augenblick ward der Wagen frei und der Fuhrmann konnte weiter fahren. Das Blümchen heißt noch immer Muttergottesgläschen.« (Äpfel aus dem Paradies: 306)

Wie gut, dass die Ackerwinde doch relativ kleine Blüten trägt! Wären diese so groß wie bei ihrer Verwandten, der »Echten Zaunwinde«, *Calystegia sepium,* früher *Convolvulus sepium,* würde sie in Ostfriesland »Pisspottje« heißen. Dabei kann diese so wunderbar an Zäunen schnell und ganz hoch klettern.

Calystegia sepium

Corydalis solida

GEFINGERTER LERCHENSPORN
LERCHENKRAUT
LERCHENHELM

»LERCHENSPORN«, DAS IST EIN WUNDERBARER NAME für diese zarte, kleine Pflanze zur Frühlingszeit! Überall blühen die meist dunkelvioletten Blümchen mit den filigranen Blättchen im traubigen Blütenstand. Sie werden nicht gepflanzt, sie kommen von allein und dann meist in großer Zahl. Pflücken wir eine einzelne Blüte mit Stielchen ab, so können wir sie betrachten und den Sporn gut erkennen, welcher im Namen auftaucht. Bis in den Sporn hinein muss das Insekt mit seinem Rüssel gelangen, um Nektar zu schlürfen – vorbei an den Staubblättern mit den Pollen und am Fruchtblatt mit der Narbe. Auch hier ist nichts umsonst. Wer Nektar haben möchte, muss auch bestäuben. So hat sich das der Lerchensporn ausgedacht angesichts der begehrenden Insekten. Am Blüteneingang muss erst einmal Ober- und Unterteil geöffnet werden und das kann nicht jedes Insekt. Kurzrüsselige Hummeln haben sich daher auf Nektarraub spezialisiert. Sie beißen einfach mit ihren kräftigen Mundwerkzeugen den Sporn an und schlürfen daraus den Nektar. Der Sporn ist als Nektarlager vom oberen Kronblatt entwickelt und soll einer Haubenlerche gleichen, einer »korydallos«. So heißt es jedenfalls. Doch wer kennt schon eine Haubenlerche? Und wer hat schon einmal deren Füßchen betrachtet, die hier den Namen gegeben haben sollen?

Es gibt eine Anzahl anderer Arten. So hieß der »Hohle Lerchensporn«, *Corydalis cava,* wegen seiner hohlen unterirdischen Knolle so. In Brühl gab es die »Hähnchen«, das waren die rot blühenden. Die »Hühnchen« schmückten sich mit weißer Blütenfarbe. Der »Gefingerte Lerchensporn« *Corydalis solida,* dessen Knolle nicht hohl ist, hieß »Hohnenköhlchen« und »Rabunzel«. Auch schön!

 Corydalis cava

Cymbalaria muralis

ZIMBELKRAUT
MAUERBLÜMCHEN

ZIMBELN SIND MUSIKINSTRUMENTE, SCHALLBECKEN. Nach denen ist das Pflänzchen benannt. Unser Blümchen ist also eine Musikerin. Die Blüten sind so niedlich, dass wir zunächst den Namensursprung bei diesen suchen. Aber hier täuschen wir uns. Wir müssen die Blätter betrachten. Ende März sind diese zwar sehr klein, aber bereits geformt wie Zimbeln, fast rund und in der Mitte vertieft.

Auch als »Mauerblümchen« macht es seinem Namen alle Ehre. Denn an Mauern wächst es von einer Mauerspalte zur nächsten. Das Blümchen kann horizontal und vertikal »klettern«. Die Pflanze hat sich wohl folgendes ausgedacht: Wenn meine Blüte bestäubt und befruchtet ist und es ans Früchtereifen geht, brauche ich eine Stelle, an der ich die Frucht ablegen kann. Also verlängere ich meine Fruchtstiele. Die suchen und suchen, und werden länger und länger bis eine geeignete Stelle in der Mauerspalte gefunden ist. Dort lege ich nun meine Früchte mit den Samen ab. Ich liebe eben den kalkigen Untergrund. Nun wird gewartet und gewartet. In der nächsten Vegetationszeit ist es so weit, der Samen treibt aus, ein neues Pflänzchen wird gebildet. Eine einzelne *Cymbalaria* gibt es also nicht. Es ist immer ein ganzes Zimbelorchester an der Mauer zu betrachten, welches sich von Jahr zu Jahr vergrößert.

Früher war das Pflänzchen unter *Antirrhinum cymbalaria*, dem »Löwenmäulchen«, in den botanischen Büchern zu finden. Es hat Ähnlichkeiten mit diesem. Wie beim Löwenmäulchen kann man sich die »Zähne« im kleinen süßen Rachen zeigen lassen. Dazu die Blüte am hinteren Ende zwischen Zeigefinger und Daumen vorsichtig zusammen führen, bis das kleine Mäulchen mit den auffälligen gelben Saft-

malen aufgeht. Nun können wir die schneeweißen Zähnchen (Staubblätter) betrachten.

Es ist nicht nur mein Lieblingspflänzchen. Auch berühmte Männer beschäftigten sich mit ihm. Francesco Melzi, der Schüler Leonardo da Vincis, malte es auf dem Gemälde »Columbine«, aus einer Wand heraus wachsend.

Der Berliner Schriftsteller und Ingenieur Heinrich Seidel (1842-1906) mochte es immer um sich haben und »salbte« es an, das heißt, er sorgte bewusst dafür, dass sich das mediterrane Gewächs in Deutschland ansiedelte. Heute ist das Zimbelkraut weltweit verbreitet. So klein es ist, so selbstbewusst ist es auch. Und niemand, der es an Mauern in seinem Garten entdeckt, möchte auf die niedliche Pflanzenverzierung verzichten.

Noch ein Mann, der die Pflanze mochte: Der Märchenerzähler Ludwig Bechstein (1801-1860) hatte das Blümchen im Gemäuer alter Ruinen entdeckt. Im Gedichtszyklus »Die Blumen und das Leben« schrieb er: »Niedliche Pflanze, du kleidest der alten Ruine Gemäuer, rankend hinab und hinauf blühest du einsam für dich. Sei der Erinnerung Bild, die, der Einsamkeit traute Genossin, oft des vergangenen Glücks sinkendes Luftschloss, umgrünt.«

Cypripedium calceolus

GELBER FRAUENSCHUH
MARIENFRAUENSCHUH
BUTTERBALLEN

IN DER BLÜTE DES FRAUENSCHUHS FÄLLT DER GELBE »Schuh« auf. Dies regte die Phantasie der Betrachter an, wie eine Legende aus der Eifel berichtet: »Als die Mutter Gottes mit dem Jesuskinde an einem Maientage durch die Fluren bei Salm wandelte, nahm die Blumenpracht ihre Sinne so gefangen, dass sie nicht auf die Zeit achtete. Da läuteten schon die Glocken zur Maiandacht! Hastig nahm sie den Knaben auf den Arm und ging eilig zurück. Ein Schühlein löste sich dabei von ihrem Fuße und rollte einen steilen Berg hinab. Maria ließ es liegen; denn sie wollte ihre Schutzbefohlenen nicht warten lassen. Eine herrliche Blume, ein getreuliches Abbild des Schühleins, spross unter ihm hervor. ›Unserer lieben Frauen Schuh‹ nannte man sie deshalb. In jedem Jahre erneuert sich das liebliche Wunder, und die Blume hat sich weithin verbreitet. Aber gedankenlose Menschen haben in letzter Zeit so viele Frauenschühlein gebrochen, dass jetzt nur wenigen noch das Wunder erblüht.« (Nießen, 1937: 213f.)

»Cypris« ist der Beiname der römischen Venus, der griechischen Aphrodite, welche auf Zypern an Land gegangen war, die Schaumgeborene. »Pedilon« bedeutet Fuß, auch Schuh. »Paphiopedilum« wird der Schuh genannt, hier bei unserem Pflänzchen ist es das »Labellum«.

Die Blüte des Gelben Frauenschuhs ist wie alle Orchideenblüten aus sechs Blütenblättern gebildet, drei hinten, drei vorne. Nun zählen Sie nach und kommen nur bis fünf, vier schokoladenbraune Blütenblätter und ein gelber Schuh. Doch zwei seitliche Blütenblätter sind verwachsen! Bei manchen Frauenschuhen sieht man am unteren Blütenblatt noch zwei Zipfel, was auf die Verwachsung hinweist. Also sind wir wieder bei sechs. Die Schuhe können bis acht Zentimeter lang werden. Damit gehören die Blüten des Frauenschuhs zu den größten unserer Flora.

In Schlesien hieß diese wunderschöne Orchidee »Butterballen«! Profan! Was für ein Frevel! In diese Kategorie gehört auch der Name »Hosenlatz« aus dem Aargau oder »Schlotterhosa« aus St. Gallen.

Datura stramonium

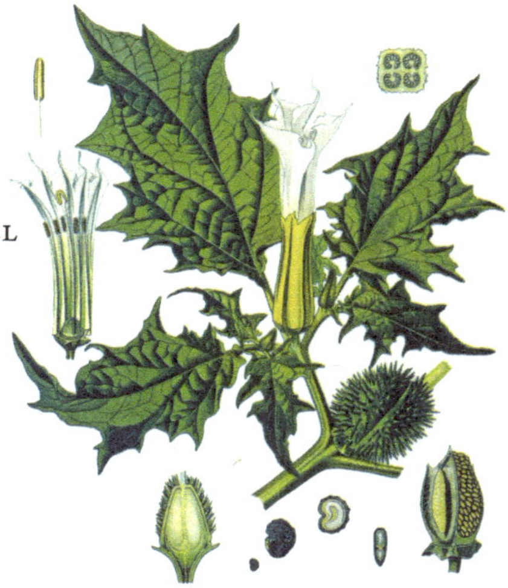

Gemeiner Stechapfel
Igelskopf
Pferdegift
Düwelsappel

Der Name »Stechapfel« leuchtet ein, wenn wir die Früchte betrachten. Sie sind ein wenig oval, kleiner als ein normaler Apfel, grün und bei Reife braun. In diesen Apfel beißt niemand. Nicht nur, weil er stachelig ist.

Aus seiner Familie, den Nachtschattengewächsen, *Solanaceae*, kennen wir zahlreiche Küchenpflanzen, wie Kartoffel, Aubergine und Tomaten. Bei den Kartoffeln sollen grüne Stellen weg geschnitten werden. Grüne Tomaten sind auch nicht so gesund, außer sie gehören einer besonderen Zucht an. In die Küche hat der Stechapfel seinen Weg nicht gefunden, sondern in die Apotheke.

In Gärten hat sie bei den Giftpflanzen ihren Platz. Sie ist giftig, sehr giftig! Hören wir die alten Bezeichnungen »Pferdegift« und »Düwelsappel« vermuten wir nichts Gutes. Doch was ist an dieser Pflanze giftig? Die gesamte Pflanze ist es! Auch die hübsche weiße Blüte, die uns an die Engelstrompete erinnert, die als Zierpflanze manchen Garten in zweifältiges Licht taucht.

Aber der »Apfel«, die Frucht! Wenn die reif ist, geht sie an der Spitze auf und entlässt ihre schwarzen Samen. Die sind besonders giftig. Der Stechapfel stammt angeblich aus Amerika, war aber auch schon der Heiligen Hildegard bekannt.

Die Frucht

Daucus carota

WILDE MÖHRE
VOGELNEST
KAROTTE
MERCHENSTÄNGEL

WENN ES EINE WILDE MÖHRE GIBT, muss es auch eine gezähmte Möhre geben. – Ja, beide gibt es. Aus dem im Juli blühenden Doldenblütler (*Apiaceae*) ist unsere Küchenmöhre entstanden. Zahlreiche Namen standen zur Verfügung, bevor sich »Möhre« durchsetzte. Da gab es »Möre«, »Gelbe Möhre«, »Mohrenkimmich« in der Schweiz, »Moorwutteln« in Ostfriesland, »Moraschöpf« in St. Gallen, »Morche«, »Morch« im Althochdeutschen, »Wilde Morchen«, »Morröw« in der Altmark und »Murke« bei Wien. Diese vielen Namen beziehen sich alle auf »mör«, was soviel wie »mürbe« heißt und sich auf die Weichheit der Wurzel bezieht. Das Artepitheton *carota* ist der italienische Name für die Möhre, was auf Carotin, die orange-gelbe Farbe der Wurzel, hinweist.

Bei der großen Anzahl verschiedener Doldenblütler in unserer Vegetation ist es nicht einfach, sie auseinander zu halten. Doch unsere »Wilde Möhre« erkennen wir meist daran, dass inmitten des Blütenstandes eine einzelne dunkelviolette Blüte steht. Die hat sonst kein Doldengewächs. Niemand weiß so genau, was sie dort will und soll.

Namen wie »Vogelnest« oder »Merchenstängel« wären auch schön gewesen. Diese beiden Namen beziehen sich auf den Blütenstand, wenn er in den Fruchtstand übergeht, dann rollt er sich zusammen und sieht aus wie ein Nest. Einen Vogel habe ich darin noch nicht gefunden. Meist wird der kugelige Fruchtstand Heimstatt verschiedener Insekten, oft für die hübschen roten Feuerwanzen. Einfach mal vorsichtig hineinschauen!

Zur Bestimmung unserer Möhrenvorfahren vor ihrer Blüte reicht ein leichtes Reiben der Blätter. Der typische Möhrengeruch lässt nicht auf sich warten. Vielleicht sind Sie neugierig, und wollen die Wurzel sehen. Ein Ausgraben lohnt sich nur zur »wissenschaftlichen« Betrachtung, denn die Wurzel ist zu dünn, um daraus ein Gericht zu kreieren. Da greifen wir lieber zu *Daucus carota* subsp. *sativus* und lassen *Daucus carota* subsp. *carota* stehen – für die Feuerwanzen.

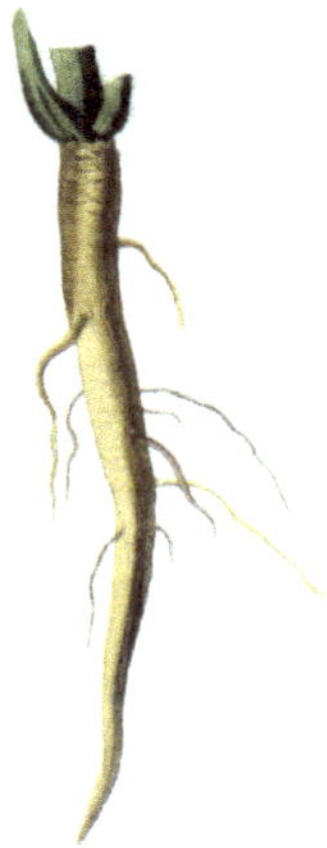

Delphinium

Rittersporn
Rittersporlein
St. Ottilienkraut

den sporn sieht man immer an den hübschen Blüten des Rittersporns. Der botanische Name *Delphinium* lässt an Delphine denken! Das ist genau richtig.

Delphine im Garten gibt es nur, wenn die Staude im Mai mit dem Blühen beginnt. Dann hat jede Blütenknospe die Gestalt eines Delphins. Weißblau schwimmen die Meeressäugetiere zwischen den Stängeln dahin.

Unser Gartenrittersporn, heute in der Gattung *Consolida* zu finden, hat eine solch kräftig blaue Farbe, dass man glaubte, es sei das beste Augenheilmittel. Der Vater der Botanik, Otto Brunfels, riet es besonders den »Geleerten«, sprich Gelehrten. Er schrieb um 1530: »Das Kräutlein ist also lustig blaw gefärbt, daß es auch dem gesicht ein freud geben, dasselbig bekräftigen und stärken, so oft man es ansieht. Derenthalben denn die geleerten, so ihre augen hefftig brauchen mit studieren, dieses kraut hoch in eeren haben, auch uffhenken am ort, wo sie studiren, damit sie solches stätig im gesicht haben.«

Ein anderer Botaniker, Popp, »weiß« von der Heilwirkung: »Ein Wasser aus diesen Blümlein destillirt (dasselbe in die Augen getan) sterket das Gesicht und vertreibt die Röte in den Augen, nimmt hinweg die Geschwulst, stillet das fliessen und rinnen der Augen. Am Tage Johannis des Täuffers pflegen viel Leute einen Krantz aus diesen Blumen zu binden und in die Stuben zu henken, dass sie denselben stetig vor Augen haben, damit ihr Angesicht zu sterken und zu leutern.«

In der Sonnenwendnacht beim Johannisfeuer wurde der Rittersporn in der Hand getragen mit folgender Hoffnung: »Wer dadurch in das feuer sihet, dem tut dis ganz jahr kein aug weh« und »wer von feur heim zu haus weg will gehen, der wirft dis sein kraut in das feur, sprechend: es geh hinweg und wird verbrennt mit disem kraut al mein unglück«. (Reling & Bohnhorst: 160f)

Helferin bei Augenkrankheiten war und ist die Heilige Ottilie, die Patronin des Elsass. Gläubige Wallfahrer pilgern zum Ottilienberg und waschen ihre kranken Augen im Ottilienbrunnen. Daher wurde die Pflanze auch »St. Ottlilienkraut« genannt.

Dipsacus sativus

WEBERKARDE
IMMERDURST
KRATZBÜRSCHT

SIE WERDEN SEHR HOCH, DIESE WEBERKARDEN, bis zwei Meter. Vor Jahrhunderten gelangten sie aus dem Mittelmeerraum zu uns. Wieso die Karde auch »Immerdurst« hieß, erläutert der Gattungsname. Das griechische »dipsakos« bedeutet soviel wie »Durst«. Interessant ist, dass im Griechischen mit »dipsakos« die Zuckerkrankheit gemeint ist, bei der der Kranke unter starkem Durst leidet. Wir wissen, dass jede Pflanze ihren »Durst« durch entsprechende Wurzeln löschen kann. Doch unsere Karde hat ein Waschbecken, ein »Venuswaschbecken« (*labrum Venerium*), mit dessen Wasser entzündete Augen bestrichen wurden. Wanderer und Zwerge können aus diesem Waschbecken ihren Durst stillen bzw. sich in ihm baden, je nachdem, wie groß der Zwerg ist. Schauen Sie sich den Grund einer Pflanze an, und sie werden ein »Waschbecken« finden. Gebildet wird es von den verwachsenen gegenständigen Laubblättern, in denen sich das Regenwasser sammelt.

Zur Karde stand im »Gart der Gesundheit« von 1485 geschrieben: »Virgo pastoris karten, die die Weber brauchen zu dem Wullenduch«. Wullenduch, das war »Wäwerskardeboll«, der »Kopf« der Weberkarde, der Fruchtstand. »Wäwer«, die Weber, nutzten den »Boll« zum Rauen des Tuches und tun es noch heute.

Im Juli sind die wunderschönen Blütenstände mit hunderten von kleinen, weiß violetten Blütchen entwickelt. Schon zu dieser Zeit sind die Hüllblätter zu sehen. Auf die kommt es an, verweilen sie hier doch länger als die Blüten und helfen später dem Weber bzw. Tuchmacher. Nun, nach der Fruchtbildung werden diese Hüllblätter sehr fest, bleiben aber elastisch. So sind sie zum Aufrauen von Geweben gut geeignet. Früher gab es Geräte, von »Kardenmachern« hergestellt, welche von Tuchmachern über das Gewebe geführt wurden, um eine einheitliche Oberfläche zu erzielen. Für hochwertige Wollstoffe, wie sie z.B. bei Billardtischen gebraucht werden, werden diese Kratzen noch heute genutzt.

Zum Schluss noch zwei andere schöne Namen für unsere Karde: »Wolfskamm« – wobei folgende Frage bisher unbeantwortet blieb: War der Wolf tot oder lebendig, als ihm der Pelz gekämmt wurde? – und: »Kratzbürscht«. »Strumpfhosenkratzerli«, das ist ein Name, der heute nicht mehr so richtig angebracht ist, da die wollenen Strumpfhosen, wenn überhaupt, nur wenig kratzen.

57 Tuchmacher mit »Kratzer«, 1611

Die folgende arabische Legende erzählt, wie es zum Nutzen dieser Pflanze und wie die Karde zum Weber kam: »Eines Tages erscheinen zwei arme Reisende beim noch ärmeren Abdallah und bitten um Obdach. Sie werden freundlich aufgenommen und ein eigenes Lager für sie hergerichtet. Abdallah schlachtet seine einzige Ziege, deren Milch ihm bisher zur Nahrung diente. Er legte sich vor die Schwelle des Raumes, damit er zur Stelle sei, wenn die Reisenden ihn brauchen.

Nach zwei Tagen waren seine Vorräte erschöpft. Abdallah führte sie zum reichen Nachbarn Ulema, der soeben mit reichem Gefolge zur Jagd ritt. Ulema ordnete an, man solle den Bettlern zwei Maß Gerste geben, damit sie die Reise fortsetzen können. Alle seine Zelte seien von Gästen und Dienern angefüllt, er habe keinen Platz.

Da fielen den beiden Reisenden die Kleider ab. Als Engel standen sie da in leuchtenden Gewändern. *Wir sind die Gesandten Allahs,* sagten sie und dankten Abdallah für seine Gastfreundschaft und dem Ulema für das Korn. Aber ehe sie die Erde verlassen, müssen sie die Güte ihrer Kinder anerkennen. Sie geben Ulema und Abdallah je einen Sack mit Samen. Diesen sollen sie noch heute aussäen. Die Samen würden sich unter dem Auge Gottes entfalten und jedem in seiner Weise die Mildherzigkeit lohnen. Damit verschwanden sie in einer Feuerwolke. Die beiden Araber säten die Samen aus. Der schoss üppig empor und bedeckte das Feld mit einem grünen Teppich.

Abdallah sah stachlige Zweige sich ausbreiten und sagte: *Der Wille Allahs geschehe.* Bald sah man die borstigen Köpfe mit scharfen Häkchen [= Kardendistel].

Er fragte sich, wie diese Pflanze ihn aus der Armut befreien solle. Doch er vertraute auf Allah, der ihm den Weg weisen würde. In der Nacht hatte er einen Traum, ein Engel sprach zu ihm ›Pflücke die reifen Distelköpfe deines Feldes ab und verkaufe sie an die Frauen deines Stamms und des Nachbarstammes; mit Hilfe dieser Distelköpfe werden sie leicht und schnell die Wolle ihrer Herden reinigen und kämmen... du wirst dadurch der Wohltäter deines Stammes + reich für deinen frommen Diensteifer belohnt sein.‹ So wurde Abdallah ein reicher Mann. Auf dem Feld des Ulema wuchsen schöne blaue Blumen, als hätte der Himmel sein eigen Tuch darüber gespannt. Als die Kornblumen verblühten und die vielen Samen sich über die Äcker des Ulema verbreiteten, erstickte alles Korn. So war aus einem reichen Mann ein armer Mann geworden.« (Rehling & Bohnhorst: 179)

Epilobium angustifolium

Schmalblättriges Weidenröschen
Engelshaar
Rapünzelchen

im frühling ist alles grüne willkommen, auch die Blätter des Weidenröschens. Sie wurden als »Rapünzelchen« am Gründonnerstag als Salat gegessen. Man kann es an Waldrändern finden oder auf Kahlschlägen. Das Röschen bekam seinen Platz im Namen wegen der hübschen roten Blüten.

Der Name »Muttergotteshaar« aus Luxemburg ist sehr schön getroffen. Um nachzuvollziehen, was die Namensgeber meinten, machen Sie bitte folgendes Experiment: Wenn die sechs bis acht Zentimeter schmalen Früchte reif sind, das heißt, schon braun gefärbt und gerade beginnen, sich oben zu öffnen, ziehen sie die vier Fruchtblätter vorsichtig auseinander. Der Anblick der vielen winzigen weißen Samenhärchen mit den noch winzigeren schwarzen Samen, welche sich nun voneinander trennen, ist einfach bezaubernd! Sie fliegen wie »Engelshärchen« davon. Das Weidenröschen hieß daher auch »Liebfrauenhaar«, »Jungfernhaar« und »Herrgottsflachs«.

Es gibt weltweit fast zweihundert Weidenröschen. Bei uns haben an die zwanzig Arten ihre Heimat. Manche sind nach ihrem Standort benannt, wie das »Sumpfweidenröschen« (*Epilobium palustris*), oder nach ihrem Aussehen, wie das »Zottige Weidenröschen«, *Epilobium hirsutum*. Allen Weidenröschen ist gemeinsam, dass sie ihre Samen mit »Engelshärchen« in die weite Welt fliegen lassen.

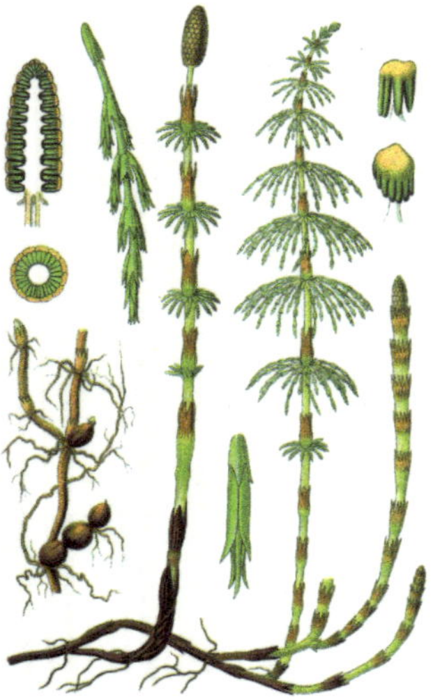

Equisetum pratense

SCHACHTELHALM
ZINNKRUT
STORCHEBROT
TANNENBÄUMCHE

IN UNSERER BLUMENSAMMLUNG IST DER SCHACHTELHALM eine Ausnahme. Er ist keine Blume, bildet keine Samen und Früchte aus, sondern ist eine Sporenpflanze. Er hat interessante Namen. Im botanischen Namen *Equisetum* steckt das lateinische »equus«, das Pferd. Doch wo sollen wir einen Zusammenhang sehen? In den feinen Blättchen an den Halmen sahen unsere Vorfahren Pferdehaare!

Eigentlich macht er heute nur noch Kummer, jedenfalls allen Gartenbesitzern. Er ist bei denen genauso beliebt wie der wuchernde Giersch oder der fast unausrottbare Knöterich. Vor Jahrzehnten noch war er eine wichtige Nutzpflanze, zum Beispiel als »Zinnkraut«. In den Stängelgliedern steckt sehr viel Kieselsäure. Daher sind diese Glieder stark und wurden zum Zinnputzen genutzt. Auch heute noch gibt es eine große Anzahl von Anwendungsmöglichkeiten, zum Beispiel bei der Pflege von Haaren und Fingernägeln.

Wenn Sie noch nie ein »Tannenbäumche« auseinander gezupft haben, dann versuchen Sie es einmal. Sowohl die großen Sprossen mit ihren Knoten (Nodien) und dazwischen liegenden Internodien können auseinander geschachelt werden. Auch die unscheinbaren Blättchen an den Knoten lassen sich gut auseinander zupfen.

Der Name »Storchebrot« für den Sumpfschachtelhalm weist auf den Standort der Pflanzen hin: Er wächst auf nassen Wiesen, wo auch der Storch herumspaziert, das »Storchebrot« aber sicherlich stehen lässt. Oder vielleicht in sein Nest einbaut?

Eryngium maritimum

STRANDDISTEL
MANNSTREU

»MANNSTREU« SYMBOLISIERT MIT IHREN stacheligen Blättern wie kein anderes Pflänzchen die Treue des Mannes. Die Stacheln musste »mann« aushalten beim Schwur der Treue. So jedenfalls ging es zu beim alten Gott Freyr, der den goldborstigen Eber Gullinborsti sein eigen nannte und dem daher das Borstige einer »Distel« heilig war. Seine Mannen legten beim Treueschwur ihre Hände auf die Rückenborsten von Gullinborsti. Falls der Eber mal nicht in der Nähe war, reichte auch unsere Mannstreu mit dem rauen derben Kleid, dessen Blattstacheln und blaue Blütenfarbe dauerhaft waren und so ein Sinnbild der Treue abgaben. So wurde es in den nordischen Ländern gehalten.

Bis heute gibt es in Schottland den Distelorden, auf dem *Eryngium* abgebildet ist. Die Devise der Ritter lautete: »Niemand greift mich ungestraft an« (Nemo me impune lacessit).

Es tut mir leid, darauf hinweisen zu müssen, dass diese »Distel« keine ist. Die Pflanze gehört zu den Doldenblütlern (*Apiaceae*). Der Begriff »Distel« ist stacheligen Korbblütlern (*Compositae*) vorbehalten, wie der Ackerkratzdistel (*Cirsium arvense*) oder der Zungenkratzdistel (*Cirsium ligulare*).

Eine ganz andere Bedeutung hatte die Mannstreu bei der antiken griechischen Schriftstellerin Sappho im 6. Jahrhundert v. Chr.. Sappho wurde durch die magische Kraft eines Amuletts aus Mannstreuwurzel zum Opfer des schönen Jünglings Phaon aus Lesbos. Dieses Amulett bewirkte, dass sich jede Frau in den Träger verliebte, auch Sappho. Die Gegenliebe blieb jedoch immer aus. Vor lauter Liebeskummer stürzte sich Sappho vom Leukadischen Felsen ins Meer und ertrank.

Mannstreu hatte es auch Albrecht Dürer (1471-1528) angetan. Er zeichnete und malte sie des öfteren, auch auf seinem »Selbstbildnis mit Eryngium«, welches heute im Louvre hängt. Johann Wolfgang von Goethe sah in Helmstedt eine Kopie und war begeistert. Vielleicht kannten die beiden berühmten Männer, was laut dem »Hortus sanitatis« von 1485 dem Manne große Freude zu bringen versprach, und zwar dass die »... Kruß distel wurtzel in honig gebeyst dar vo dick male genutzt ist dem mane groß freude brengen. Und syn samen meren un zu unkuscheit reytzen...«

Jahrzehnte später machte sich Hieronymus Bock über diese Aussicht lustig, als er schrieb, dass man einen Zentner von der »Wurzel« haben müsste, damit eine Wirkung eintritt: »Etliche haben ir Superstition mit dieser Wurzel, vermeinen, wenn sie solche Wurzel bei inen tragen, sie wollen Veneri und Sappho gefallen, ich acht etlich müßten ein Zentner haben, wer nit zu vil, wenn helfen wollt.« (Peters: 58)

Hoffmann von Fallersleben kannte ein Hochzeitslied, in dem es hieß: »Mannstreu tu mir erzeigen mein holder werter Mann« (s. Hochzeitslied, S. 5). Wahrscheinlich war Männertreu (s. *Veronica chamaedrys* S. 125) gemeint.

Eryngium alpinum

Es gibt Mannstreuarten, welche ein schönes Violett in ihren Blütenständen tragen und sehr dekorativ anzusehen sind. Dazu heißt es bei einem alten Botaniker, die Pflanze sähe »in ihrem blaugrünen, violett schillerndem Gewande aus wie eine verzauberte Seejungfrau, umwallt von lichten Wasserschleiern«.

Eschscholzia californica

Schlafmützchen
Goldene Kappe
Kalifornischer Mohn

SCHLAFMÜTZEN GIBT ES JA VIELE IM PFLANZENREICH. Kaum bedeckt eine Wolke die Sonne oder es regnet ein wenig, schon klappen die Blütenblätter zusammen und das Blümchen macht ein Nickerchen, wie zum Beispiel die Buschwindröschen oder das Gänseblümchen. Die wissen, dass jetzt von Insekten kein Besuch zu erwarten ist.

Aber das Schlafmützchen ist nicht nur eine Schlafmütze, sie besitzt auch eine. Allerdings können wir diese nur betrachten, wenn die vier goldgelben Kronblätter noch nicht entfaltet sind, sondern noch hübsch zusammengerollt in den Kelchblättern liegen. Diese beiden Kelchblätter bilden das temporäre Schlafmützchen! Je mehr die gelben Kronblätter heran wachsen, umso mehr wird unser Schlafmützchen nach oben verschoben. Dann ist es zu klein geworden und wird abgestoßen. Auf der Erde liegen nun die vielen Schlafmützen. Sie können nicht wieder aufgesetzt werden. Sie haben ihren Dienst erfüllt als Knospenschutz. Unser Kalifornischer Mohn kann dann nur noch Schlafmützchen sein, wenn Wolken und Regen es erforderlich machen.

Auch der botanische Name ist es wert, näher betrachtet zu werden. *Eschscholzia*, ohne »t«, ist nach dem Arzt und Naturforscher Johann Friedrich von Eschscholtz (1793-1831) mit »t« benannt. Der Schiffsarzt war 1815 bis 1818 der Begleiter von Adelbert von Chamisso (1781-1838) während dessen naturwissenschaftlicher Expedition mit dem Segler »Rurik« unter Kapitän Otto von Kotzebue. In San Francisco entdeckte Chamisso die »Goldene Kappe«, den Kalifornischen Mohn und schickte getrocknete Exemplare, sogenannte »Belege«, an den Königlichen Botanischen Garten in Berlin-Schöneberg.

Doch nicht nur so gelangte *Eschscholzia californica* nach Europa. Als am Ende des Kalifornischen Goldrausches die Goldsucher aus San Francisco mit Schiffen aufbrachen und Ballast aufnahmen, waren darunter auch die Samen des Kalifornischen Mohns. So gelangte er in viele Länder. In Deutschland wird er als in Einbürgerung befindlicher »Neophyt« angesehen, der seine Karriere in der Pflanzenheilkunde und Homöopathie noch nicht beendet hat.

Seit 1903 ist er die Staatsblume von Kalifornien. Am 6. April, wenn riesige Areale des Landes vom goldenen Blütenteppich überzogen sind, wird der »California Poppy Day« gefeiert.

Frucht und
Blütenknospe mit Schlafmütze

Fuchsia

FUCHSIE

UNSERE BELIEBTE GARTEN- UND BALKONPFLANZE hat ihren Namen nach Leonhart Fuchs (1501-1566). Er wird als einer der drei Väter der Botanik bezeichnet, in einer Zeit, in der sich die Botanik als Wissenschaft entwickelte. Der französische Botaniker Charles Plumier (1646-1704) hatte nach ihm die Gattung *Fuchsia* aus der Familie der Nachtkerzengewächse (*Onagraceae*) benannt. Carl von Linné nahm den Namen in sein System der binären Nomenklatur auf und nannte die neue Art *Fuchsia triphylla*. Plumier hatte die Pflanze 1695 auf der Insel Santo Domingo entdeckt. Erst fünfzig Jahre später tauchte die Pflanze in Europa auf.

Leonhart Fuchs, der Doktor der Medizin, hatte auf Exkursionen im Tübinger Land die Flora kennen gelernt und in Tübingen den ersten botanischen Garten der Universität angelegt. Dieser Garten ist einer der ältesten der Welt überhaupt. Berühmt wurde Leonhart Fuchs durch seine in Latein und später in Deutsch verfassten Kräuterbücher.

Neben Fuchs gelten Otto Brunfels, nach dem Charles Plumier die Gattung *Brun(s)felsia* benannte, aus der Familie der Nachtschattengewächse (von Linné später übernommen) und Hieronymus Bock als Väter der Botanik.

Galeopsis speciosa

Bunter Hohlzahn
Iltisgesicht
Hanfnessel

Solch eine schöne Pflanze mit solch eigenartigem Namen! Was bedeutet »Galeopsis«? Haben wir es mit dem griechischen »galion«, was für die Ableitung von »Galium« gleich Labkraut spricht oder mit »gale«, dem Wiesel, zu tun? »opsis« soll so viel wie »Gesicht« bedeuten. Also »Iltisgesicht«!

Vielleicht weil der Hohlzahn wie ein Iltisgesicht so bunt ist? Oder weil die Ohren beim Iltis wie die beiden Hohlzähne an der Unterlippe der Blüten aussehen? Wir wissen es nicht und die Etymologen auch nicht.

Kommen wir zum »Hohlzahn«. Zwei zahnähnliche Ausstülpungen gibt es an jeder Unterlippe. Das gilt für alle Hohlzahnarten.

Beim Namen »Hanfnessel« bezog man sich auf die Stängel. Die sind vierkantig und besonders an diesen Kanten mit starkem Festigungsgewebe versehen, was ja auch bei den Nesseln, sprich Brennnesseln, und beim Hanf vorkommt.

Geum urbanum

ECHTE NELKENWURZ
HASENAUGE

DAS PFLÄNZCHEN BEGLEITET UNS AUF VIELEN WEGEN. Besonders gerne steht es an schattigen Waldrändern. Meist von Spaziergängern unbeachtet, betrachtet uns das gelbe »Hasenauge« aus der Familie der Rosengewächse (*Rosaceae*) beim Vorübergehen. Wenn ein Hund uns begleitet, kann es sein, dass Nelkenwurzfrüchtchen das Hundefell erobern. Die Früchtchen – es sind Nüsschen – haben kleine Haken, mit denen sie sich wunderbar festhalten können. Sie haben sich aus den Griffeln der Blüten entwickelt, welche sich nun in den Früchten verlängert zeigen und, mit den Häkchen versehen, auf alles Pelzige warten. So werden sie in die weite Welt oder in die Hundehütte getragen. Sehr raffiniert, die gemeine Nelkenwurz!

Doch was hat das Pflänzchen mit der Nelke zu tun? Der Name sagt es: »Nelkenwurz«. Der Duft, hervorgerufen durch Nelkenöl, das Eugenol, befindet sich in den Wurzeln und im Rhizom. Das muss so gut gerochen haben, dass die Pflanze auch »Nardenwurz« genannt wurde. Seit der Antike wird die Nelkenwurz wegen des antiseptischen Eugenols und ihres Gerbstoffgehalts in der Heilkunde verwendet. Auch können junge Blättchen unseren Salat bereichern. Vielleicht zusammen mit der Knoblauchsrauke (s. S. 12).

Die hübschere, aber weniger nach Nelken duftende Schwester unserer Echten Nelkenwurz ist die rot blühende Bachnelkenwurz, *Geum rivale*. Bäche sind ihre bevorzugten Standorte oder etwas ähnliches, wie nasse Wiesen oder Hochmoorränder. »Bachrösle«, »Kaputzinerle« (sic!) und »Sumpfbenedikte« sind einige ihrer volkstümlichen Namen.

Glechoma hederacea

Gundermann
Kräutchen durch den Zaun
Heckenkieker
Erdveilchen

Da streiten sich die Gelehrten um den Gattungsnamen *Glechoma*. Die einen meinen, mit »glecho« sei eine griechische Münze gemeint, die anderen bringen das Wort in Verbindung mit der Poleiminze. Das Artepitheton *hederacea* dagegen ist deutlich zurückzuführen auf »Hedera«, den Efeu. Der bis vierzig Zentimeter hohe Lippenblütler verströmt einen widerlichen Geruch, der besonders beim Zerreiben der Blätter deutlich wird, weshalb er auch »Stinkender Abbatz« und »Soldatenpetersilie« genannt wurde. Sein Geschmack ist eher bitter. Als »Herba hederae terrestis« war er bei alten Botanikern bekannt und auch bei römischen Ärzten. Der Anwendungsbereich war breit gefächert. »Gund« im »Gundermann« war der Eiter, das Geschwür. Die Pflanze war ein Wundheilmittel.

Der Gundermann war eine germanische Heil- und Zauberpflanze. Man konnte in der Walpurgisnacht mit einem Gundelrebenkränzchen auf dem Kopf die Hexen erkennen. Auch gegen Zahnschmerz war es der Legende nach wirksam. Es wird berichtet, dass Petrus einst stark an Zahnschmerz litt. Da sprach der Herr Jesus zu ihm: »Nimm drei Gundelreben und lass sie deinen Mund umschweben!« Petrus folgte dem Rat, sofort ließen die Schmerzen nach.

Der volkstümliche Name »Gundermann« wurde in Schlesien, Sachsen und Schwaben angewandt. Den Namen »Gundelrebe« finden wir im »Hortus Sanitatis« und bei allen drei Vätern der Botanik. »Kräutchen durch den Zaun« und »Heckenkieker« sind passende Namen, da sie darauf hinweisen, dass die Gundelrebe durch ihre Ausläufer sehr lang wird und durch den Zaun kriechen und durch die Hecke kieken kann.

Wenn eine Kuh verhext war, konnte der Milchzauber helfen. In einem Büchlein von Albertus Magnus soll gestanden haben: »Wann einer Kuh der Euter behext ist, soll man drei Kränzlein von Gundelreben winden und jeden Strich dreimal hinten durch die Füße melken, danach der Kuh die drei Kränzlein zu essen geben, dazu sprechen: Kuh, da geb ich dir die Gundelreben / Daß du mir die Milch sollst wiedergeben.« (Handwörterbuch des deutschen Aberglaubens: 1205)

Der Milchzauber war damals sehr wichtig, ging es doch um die Existenz der Bauernfamilie, wenn die Kühe krank bzw. »verhext« waren.

Schön ist der Name »Erdveilchen«, da das Pflänzchen sich an die Erde schmiegt und die Blüten mit ihrem reizenden Violettblau den Veilchen gleichen.

Helleborus niger

Schwarze Nieswurz
Melampuskraut
Christrose

Die schwarze Nieswurz hat weisse Blüten und blüht zu Weihnachten, was ihr die Namen »Weihnachtsrose« und »Christrose« einbrachte. Schwarz sind Wurzeln und unterirdischer Wurzelstock. Wird das Rhizom pulverisiert, löst die »Nieswurz« Niesreiz aus.

Es hieß auch »Melampuskraut« nach dem Wahrsager und Heiler Melampus. Von ihm heißt es, er habe die Töchter des Königs Proitus vom Wahnsinn geheilt. Dazu verwandte er *Helleborus*. Er meinte, dass diese Pflanze Heilmittel gegen Epilepsie und Geisteskrankheiten sei. Nachdem er beobachtet hatte, dass seine Ziegen dieses Kraut gefressen hatten, gab er den beiden noch lebenden Töchtern des Proitus die Milch der Ziegen zu trinken. Die Töchter waren von Stund an vom Wahnsinn geheilt.

Man glaubte, dass der Wahnsinn auf Besessenheit durch böse Geister zurückzuführen sei. Daher wurden bei den alten Griechen und Römern die Häuser mit Melampuskraut ausgeräuchert.

Der französische Apotheker Lespleigney verfasste um 1538 eine Therapie gegen Wahnsinn und Schlafen zu unrechter Zeit in Form didaktischer Poeme:

Wem der Verstand nicht recht und fein,
Der nehme schleunigst Nieswurz ein.
Von Nieswurz man zwei Arten kennt,
Die man als weiß und schwarz benennt.
Die schwarze taugt fürs Narrenhaus
Und treibt die schwarze Galle aus…
Trocken und heiß im dritten Grade wird sie genannt

Und am Gestade von Antikyra wächst die Pflanze.
Schläft nach Gelagen oder Tanze zufällig einmal einer ein,
Dann nimm der Wurzel Pulver fein,
Denn Lacherfolg Du stets erzielst,
Wenn Deine Rolle gut Du spielst.
Ohn' ihm in das Gesicht zu fassen,
Mußt Du das Pulver fliegen lassen
In seine Nas' und schleunigst gehn,
Bald wirst Du ihn sich rühren sehn.
Wohl fünfzigmal in einem fort
Niest er und dann nimmt er das Wort:
»Ich weiß nicht, welche Zauberei
Mir plötzlich angehexet sei.«
(Peters: 82f)

Wenn Sie noch etwas Schönes entdecken wollen, dann schauen Sie sich doch einmal die hübschen kleinen grünlichen Gebilde zwischen Blütenblatt und Staubblättern an. Das sind Nektarien für die ersten Bestäuber, die schon manchmal ab Januar unterwegs sind und denen hier wirklich etwas geboten wird.

Hepatica nobilis

LEBERBLÜMCHEN
VORWITZCHEN
MÄRZBLOM

AUF DEM BILD SIND DIE FRISCHEN DREILAPPIGEN BLÄTTER zu erkennen. Eigentlich erscheinen sie erst nach den Blüten. Leuchten die blauvioletten wunderschönen Blüten im März durch das braungraue, alte Laub, sind nur die »alten« Blätter aus dem Vorjahr zu sehen, wie hier in der Abbildung links unten. Erst später können wir neue Blätter entdecken. Ja, nach dieser Form der Blätter sind die Leberblümchen benannt, nach »hepatos«, der dreilappigen Leber. Nach der Signaturenlehre des Paracelsus zeigte uns das Blümchen an, gegen welche Erkrankung es eingesetzt werden könne. Hier also gegen Lebererkrankungen.

Die Leberblümchen sind die Vorboten des Frühlings, weshalb sie im Kreis Paderborn auch »Vorwitzchen« genannt wurden und »Märzblom« in der Altmark.

Früher war das Hahnenfußgewächs unter den botanischen Namen *Anemone hepatica* zu finden oder *Hepatica triloba*.

Sehr hübsch sind die Farbkontraste der leicht weißrosafarbigen Staubblätter und der blauvioletten Blütenblätter.

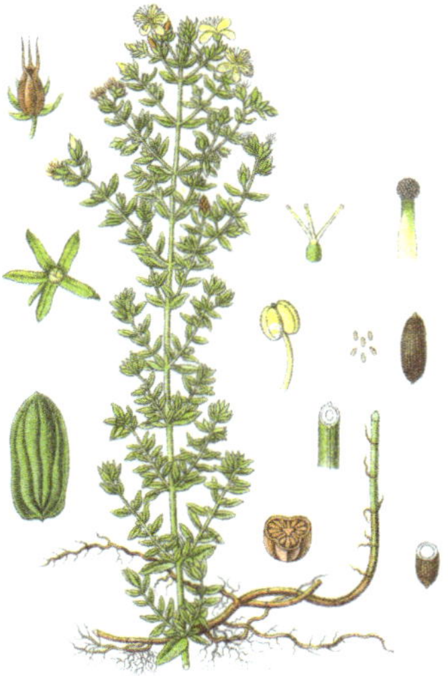

Hypericum perforatum

JOHANNISKRAUT
TÜPFELHARTHEU
JAGETEUFEL

DAS JOHANNISKRAUT GEHÖRT ZU DEN SEHR ALTEN, heute noch bekannten und beliebten Wildpflanzen. Wenn sie im Juni zu blühen beginnen, ist der Sommer da. Das ist die Zeit, die goldenen Blüten und die Tüpfel im »Hartheu« zu betrachten. Sie kennen die Tüpfel noch nicht? Und wissen nicht, wieso die Pflanze zu den Hartheugewächsen gehört?

Schon beim einfachen Betrachten fallen die dunklen winzigen Punkte auf dem Blättchen auf. Die können wir auch auf den Blütenblättern entdecken. Das sind die zahlreichen Öldrüsen, welche durchscheinen! Pflücken Sie ein grünes Blättchen ab, betrachten Sie es genau und halten es gegen die Sonne.

Das *perforatum* im Artepitheton hätten wir hiermit geklärt. Doch nicht, wie die Tüpfel in die Blätter gelangen. Das fragten sich auch unsere Vorfahren und meinten, das könne nur der Teufel getan haben, da er die Pflanze hasste, weil sie für die Menschen ein unschätzbarer Segen sei.

Dann entdeckte man, dass aus der Pflanze ein rötlicher Saft gewonnen werden konnte. Wir können noch heute »Blut« aus einer Blütenknospe gewinnen, indem wir die Knospe mit den Nägeln von Daumen und Zeigefinger zerquetschen. Unsere Fingernägel färben sich dunkelrot. Es ist, als sei Blut ausgetreten, das Blut des Johannes! Wenn das Blut in der Johannisnacht gewonnen wird, schützt es vor Verzauberungen, vertreibt die Hexen, heilte die von den Hexen verursachten Leiden, bannt Gespenster und treibt selbst den Obersten der bösen Geister, den Teufel, zurück. Der war darüber so erbost, dass er in dunkler Nacht zu dem Heil bringenden Gewächs eilte, um es zu vernichten. In furchtbarem Grimm nahm er viele tausend Nadeln und durchbohrte damit alle Blättchen, damit die Pflanze zugrunde ging. Allein die darin wohnenden Zauberkräfte halfen ihr über den Tod hinweg. So blieb die Pflanze zum Ärger des Bösen, aber zur Freude der Menschen erhalten und zeigt noch jedem, der es sehen will, wie sehr sie einst vom Teufel misshandelt worden ist.

Nun war es klar, dass das Johanniskraut Macht über den Teufel ausübt und die Pflanze wurde »Jageteufel« und »Fleuchteufel« genannt. Der Teufel mied die Stätten, an denen das Kraut aufbewahrt wurde. Es wurde an die Decke der Wohnstube gehängt oder kreuzweise an die Fenster gesteckt und schützte so das Haus gegen Unglück aller Art.

In der Zeit zuvor hatte man geglaubt, das Kraut sei aus dem Blut des germanischen Göttervaters Odins entstanden. Als derselbe zur Zeit der Sommersonnenwende seinen Lauf durch den Tierkreis zurückgelegt hatte, wollte er sich in einer Höhle ausruhen. Aber ein Eber kam und verwundete ihn. Aus dem Blut, welches seinen Wunden entströmte, entstand das »Johanniskraut«.

Heute können wir mit Hilfe der Johanneskrautknospen und Olivenöl eine wunderschön gefärbte Mischung herstellen, welche wir zum Heilen kleiner Hautirritationen verwenden können. Doch Vorsicht! Wessen Haut sehr empfindlich ist, sollte das kleine Experiment besser nicht machen. Ein Inhaltsstoff, das Hypericin, hat eine photosensibilisierende Wirkung und kann Bläschen hervorrufen.

Was hat es mit dem »Hartheu« auf sich? Normalerweise ist Wiesenheu weich und duftend. Wenn sich unter den Wiesenpflanzen auch Johanniskraut befindet und dessen Stängel beim Trocknen hart geworden sind, haben wir ein hartes Heu, welches nicht zur Fütterung des Viehs zu gebrauchen ist. Aber dieses harte Heu war doch zu gebrauchen, gegen Gewitter. In der Havelgegend bei Plaue hieß es »Hartenaue«. Bei starkem Gewitter sagten die Leute früher: »Ist denn keene olle Fraue, die kann pflücken Hartenaue, det sich det Gewitter staue«.

Übrigens soll Johanneskraut auch dem modernen Menschen helfen: bei Flugangst!

Impatiens noli-tangere

GROSSES SPRINGKRAUT
RÜHRMICHNICHTAN
CHAPUZINERZIPFELI

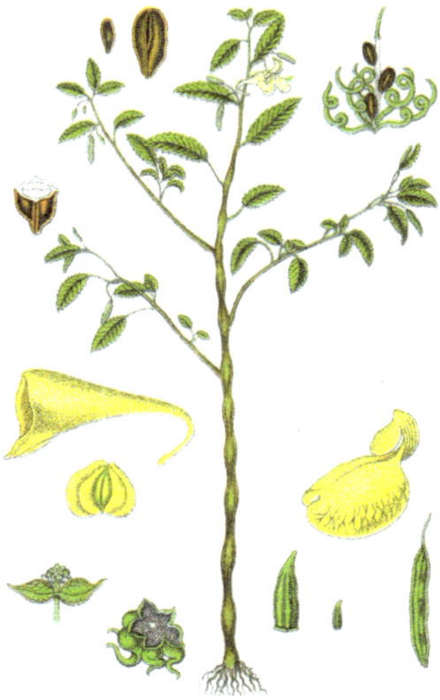

DER GATTUNGSNAME *IMPATIENS* STAMMT AUS DEM Lateinischen und bedeutet »empfindlich«. Empfindlich ist die reife Frucht bei Berührung, wie das Artepitheton *noli-tangere* oder wie es vor Linné hieß: *noli me tangere* verrät: »Rührmichnichtan«. Wieso nicht? Eigentlich wissen wir es alle. Nicht nur Kinder lieben es, eine Frucht zur Explosion zu bringen. Eine zarte Berührung der reifen Frucht und schon schnellen die Samen mit einer Geschwindigkeit heraus, dass wir sie mit unseren Augen nicht verfolgen können. So schnell geht das! In Altenahr sagte man deswegen »Krükche rier mich nit«.

Wieso das so ist? Der sogenannte Turgor ist daran schuld: Die Samen in der Frucht nehmen Wasser und Nährstoffe auf und werden dicker und dicker, bis es den Samen reicht und sie endlich ihr Zuhause verlassen möchten. Da hilft ein zarter Windzug oder ein Regentropfen oder eine Kinderhand und schon springt die Fruchtschale an vorbereiteten Stellen auseinander, und die Samen werden in die Welt geschleudert. »Explosionsfrüchte« werden sie genannt, der Schleudermechanismus selbst »Ballochorie«. Der Kreativität der Pflanzen, was die Verbreitung der Samen betrifft, ist keine Grenze gesetzt. Sie haben wirklich alles probiert und umgesetzt. Wahre Verbreitungskünstler!

Eine Verwandte aus dem Himalaya, *Impatiens glandulifera*, das Drüsige Springkraut, wird als so genannte invasive Art bekämpft. Wo sie auftaucht, sollte sie sofort vernichtet werden, am besten vor der Samenreife, da sie sonst überhand nimmt und nur noch schlecht zu bändigen ist.

Der Name »Chapuzinerzipfeli« aus St. Gallen bezieht sich auf die Blüte mit ihrem gekrümmten Sporn. Auch schön.

Lunaria rediviva

AUSDAUERNDES SILBERBLATT
MONDVIOLE
PREUSSISCHE PFENNIGBLUME

DAS SILBERBLATT ZEIGT SICH ERST, WENN DIE FRUCHT, eine Schote, dieses violett blühenden Kreuzblütlers reif ist und seine beiden Fruchtblätter abwirft. Dann kommt die falsche Scheidewand zum Vorschein, und das ist das Silberblatt. Die falsche Scheidewand gibt es bei allen Früchten aus der Familie der Kreuzblütler, mögen sie noch so klein sein. Dann allerdings werden sie »Schötchen« genannt. Es ist eine Scheidewand, welche zwischen den beiden Fruchtblättern aufgespannt ist. Deren Farbe und milchige Beschaffenheit erinnert an das Licht der Luna, des Mondes.

Mondförmig ist mit Phantasie auch die Form der Samen zu nennen, welche noch vereinzelt mit ihren zarten Samenstielchen am Rahmen des Silberblatts zu sehen sind, dann aber bald auf die Erde fallen, wo sie auch hingehören. Die Samenstielchen bleiben am Silberblatt haften. Das sieht allerliebst aus.

»Preußische Pfennigblume« hieß die Pflanze in Ostpreußen. Dabei waren die preußischen Pfennige meistens bronzefarben, nur manchmal auch silbern. Ob man *damals* mit den Silberlingen etwas kaufen konnte?

Lychnis flos-cuculi

KUCKUCKSLICHTNELKE
LEUCHTE
SCHLITZNÄGELI
DONNERNAGELE

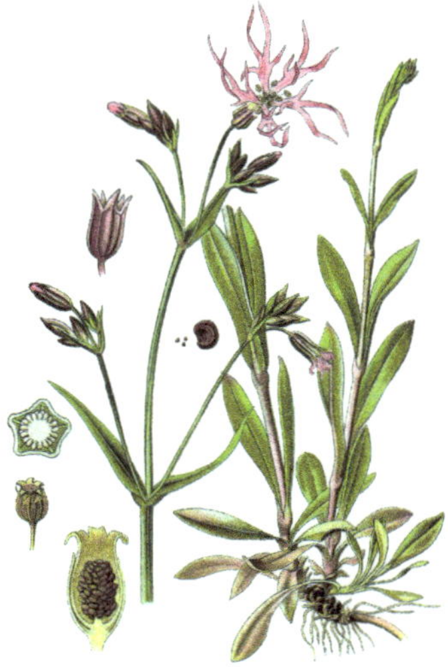

DER GATTUNGSNAME *LYCHNIS* WEIST AUF DAS SCHÖNE ROT hin, mit dem die Blüten der Lichtnelke wie eine Lampe leuchten. Es ist nicht selten, dass der Kuckuck in Pflanzennamen auftaucht. Bei diesem Nelkengewächs wird der Name mit der Blütezeit von Mai bis Juli mit dem Ruf des Kuckucks und mit dem Auftreten von »Kuckucksspeichel« in Verbindung gebracht. Bei dieser Nelke sind die tief zerschlitzten Kronblätter auffällig, daher der Name »Schlitznägeli«, und dass wir manchmal an den Stängeln den »Kuckucksspeichel« finden. Doch der Kuckuck hat den Speichel nicht dahin gesetzt, sondern die Schaumzikaden (siehe auch Wiesenschaumkraut, *Cardamine*), die ihre Larven in der schaumigen Masse verstecken, damit sie wohl temperiert ihrem späteren Leben als Vollinsekt entgegenträumen können.

Das »Nägeli« im Namen ist bei vielen Nelkengewächsen zu finden. So manche Sängerin und mancher Sänger des Schlafliedes »Guten Abend, gut' Nacht« stoppte, wenn es nach den Rosen mit »mit Näglein besteckt« weiterging. Näglein im Bett meines Kindes? Das kann doch nicht sein! Und doch ist es so. Mit den »Näglein« waren die duftenden Nelken gemeint. Die haben ihre Nägel in den Blüten versteckt. Schauen wir uns solch eine Blüte einmal genauer an: Fünf Kronblätter zählen wir. Wenn wir eine davon herauszupfen, haben wir einen Nagel mit einer Platte vor uns: oben die Platte, nach unten führt der Nagel. Na, dann können wir unbekümmert mit diesem schönen alten Wiegenlied nach der Melodie von Johannes Brahms unsere Kinder in die Träume singen.

Malva sylvestris

GROSSE KÄSEPAPPEL
WILDE MALVE
KATZENKÄSICHEN
ZUCKERPLÄTZCHENKRAUT

GROSSE KÄSEPAPPEL, WAS FÜR EIN NAME! Wie sind da wohl die Zusammenhänge? Die Pappeln können nicht gemeint sein. Es handelt sich um »Pappala«, um Brei. Der Brei resultiert aus den Schleimstoffen, welche in Blättern und Blüten enthalten sind. Es ist der Papp, welcher bereits in grauer Vorzeit das Pflänzchen zur Heilpflanze werden ließ. Wenn die Anthocyan-haltigen Blüten verwandt werden, ist dies besonders Heil bringend. Der Schleim legt sich wie ein Mantel über die Schleimhäute im Mund- und Rachenraum. Die kommen dadurch zur Ruhe, z.B. bei Husten.

»Zuckerplätzchenkraut« wurde die Pflanze in der Eifel genannt, weil die gesamten Früchte einer Blüte sich zu einem Zuckerplätzchen oder Käse gerundet (Käsepappel) zusammen legen und von den Kindern gegessen wurden. Auch wurden sie wegen der runden Form »Hemdknopp« am Niederrhein, »Hasenpappel« und »Katzenkäsichen« in Ostpreußen genannt. Dies sind schöne Namen für die alte Heilpflanze, welche uns an manchen Wegen begegnet.

Wenn es eine Große Käsepappel gibt, wird die Kleine Käsepappel nicht weit sein. Es ist *Malva neglecta*, die so genannt wird, die Wegmalve.

Myosotis sylvatica

WALD-VERGISSMEINNICHT
BLAUER AUGENTROST
MAUSÖHRLEIN

DAS ZIERLICHE PFLÄNZCHEN HEISST NICHT: »Vergiss mich nicht«, sondern »Vergiss mein nicht«. Jedenfalls, diese Aufforderung gefällt bis heute und ist auch in anderen Ländern üblich wie »forget my not« in England oder »forgät-mig-ej« in Schweden.

In alten Schriften, wie im »Das älteste österreichische Herbarium« von 1866, steht unter *Myosotis palustris* der volkstümliche Name »Blauer Wasser Augentrost« und unter *Myosotis silvatica* »Blauer Augentrost«. Beide Arten sind aktuell unter der Gattung *Euphrasia*, »Augentrost«, zu finden. Die blauen Blüten waren nach der Signaturenlehre Hinweis darauf, dass das Kräutlein Augenkrankheiten heilt.

Hieronymus Bock schrieb 1574 über ein Vergissmeinnicht, welches auch »Meußenohr« (Mausöhrchen) genannt wurde: »Myosotis sein drei Arten, alle haben zierliche Bletlein, weiß und harecht, ein jedes anzusehn wie die Ohren an den großen Zißnüssen, blau Meußenohr genennt, ist auch ein wild Augentrost.«

Die Ableitung von »myos« wie Maus und »otis« wie Ohr würde unsere *Myosotis* gut übersetzt haben. Aber Vergissmeinnicht hat keine mauseohrähnlichen Blätter, zumindest was die Form betrifft. Aber was ist mit den Haaren? Sehen die Härchen am Blattrand vom Vergissmeinnicht nicht wie Mauseohrenhärchen aus?

Da kommen noch andere Pflanzenarten ins Spiel, welche mit unserem Vergissmeinnicht nichts zu tun haben. Zum Beispiel: Mausöhrchen soll ein gelber Korbblütler sein, *Hieracium pilosella,* oder auch der Feldsalat, *Valerianella locusta,* aus der Familie der Baldriangewächse. Wir belassen es dabei und kehren zu unserer »Trostblume« zurück. So hieß das Vergissmeinnicht in Österreich seit Jahrhunderten. (s. auch Strantz: 345-349)

Nach deutschen Volkssagen verhilft die blaue Wunderblume zu allem, wonach das Herz begehrt. Nur Sonntags- und Glückskinder finden sie. Schätze können mit Hilfe der Blume gefunden werden. Aber die Blume nicht vergessen! Bei den Grimms heißt es: »Ein frommer Hirte fand ein blaues Blümchen, dessen Schönheit ihm besonders gefiel. Er band es an seinen Stab und trug es heim. Plötzlich erschien ein Waldfräulein, das ihn anredete: ›Du Glücklichster unter allen Menschen, du trägst einen großen Schatz. Nimm das Blümchen und schließe damit den Felsen auf, in welchem du Gold und Silber angehäuft finden wirst. Du darfst so viel nehmen, als du willst, vergiss aber das Beste nicht.‹ Der Hirt schloss den Berg auf und sah eine solche Menge Gold und Diamanten, dass er von all dem Glanz geblendet wurde und seiner Sinne kaum noch mächtig war. Da rief ihm noch einmal die warnende Stimme des Waldfräuleins nach: ›Vergiss das Beste nicht!‹ Doch geblendet vom Glanz der Herrlichkeit, wirft er Hut und Stock fort, füllt Taschen mit Gold und Edelsteinen und eilt hinaus. Donnernd schlägt die Tür hinter ihm zu, doch er beachtete es kaum. Jubelnd eilt er zu seiner Hütte, um Frau und Kindern sein Glück zu verkünden. Aber welche Täuschung! Als er das Gold ausladen will, findet er nur Spreu und Häcksel. Jetzt fällt ihm ein, dass er ›das Beste‹, das blaue Wunderblümchen, vergessen hat. Er eilt zum Felsen zurück, aber kein Eingang führt mehr in den Berg hinein.«

Johann Wolfgang von Goethe verdankt im Gedicht »Das Blümlein Wunderschön« diesem fast sein Leben:

Doch wandelt unten, an dem Bach,
Das treuste Weib der Erde
Und seufzet leise manches Ach,
Bis ich erlöset werde.
Wenn sie ein blaues Blümchen bricht
Und immer sagt: ›Vergiss mein nicht!‹
So fühl' ich's in der Ferne.

Ja, in der Ferne fühlt sich die Macht,
Wenn zwei sich redlich lieben;
Drum bin ich in des Kerkers Nacht
Auch noch lebendig blieben.
Und wenn mir fast das Herze bricht,
So ruf ich nur: ›Vergiss mein nicht!‹
Da komm ich wieder ins Leben.«

Nigella damascena

Jungfer im Grünen
Gretel im Busch
Braut in Haaren

DIE »JUNGFER IM GRÜNEN« GELANGTE IM 16. Jahrhundert durch den Levantehandel aus dem Vorderen Orient zu uns. Das Epitheton *damascena* bedeutet so viel wie »aus Damaskus stammend«. Der Gattungsname *Nigella* weist auf die schwärzlichen Samen hin. Das bekannte Gewürz »Schwarzkümmel« stammt von der Schwester, *Nigella sativa.*

Im Volksmund hat dieses jetzt wieder beliebte Hahnenfußgewächs die schönsten Namen. Diese beziehen sich meist auf die grünlich zarte Verhüllung und die dahinter durchschimmernden himmelblauen Blütenblätter. Die können nur das Kleid einer Liebsten aus Österreich sein, wie von Gretel, oder von einer Braut des sagenhaften Kaiser Friedrich I., auch Barbarossa genannt.

Ihre hellblauen Blüten, eingehüllt in filigrane grüne Hochblätter, animierten die Verehrer dazu, ihr den Namen »Jungfer im Grünen« zu geben. So wurde sie in vielen deutschen Gegenden genannt, von Schwaben bis Ostfriesland.

Die Pflanze hieß auch »Gretel im Busch«. Das war ihr Name von Schlesien bis Salzburg. Aus Österreich stammt auch die folgende Sage über die Entstehung dieses Namens: In einem Dorfe war ein reicher, aber geiziger Bauer, der eine schöne Tochter hatte, die Gretel hieß. Ihnen gegenüber wohnte ein armer Bauer, dessen hübscher Sohn Hans genannt wurde. Die jungen Leute liebten sich und sehnten sich herzlichst, einmal ein Stündchen zusammen zu verbringen. Doch der Bauer bewachte mit scharfen Augen die Tochter und verhinderte jede Annäherung. Da sah nun Gretel in verzehrender Sehnsucht so lange aus ihrem Garten nach Hans, und dieser schaute vom Wege her so lange nach Gretel, bis beide in Blumen verwandelt wurden.

So wurde aus der Liebsten »Gretel im Busch« und aus dem Hans »Hansel am Weg«, das ist der Vogelknöterich (*Polygonum aviculare*, siehe S. 97).« Da Gretel im Busch nur kurze Zeit im Mai blüht, der Hansel am Weg aber hauptsächlich erst ab Ende Juni, werden die beiden nie zusammenkommen und immer aufeinander warten müssen.

Eine andere Geschichte führt uns ins südliche Anatolien zu Barbarossa, dessen Verschwinden der Ursprung vieler Sagen wurde. Es geht um Undine, wie die jungfräulichen Wassergeister oder auch Nixen heißen. Unsere grün gelockte Schönheit ist auch eine Nixe gewesen, die den mächtigen Kaiser Friedrich I. in die tiefen Wasser des Flusses Kalykadnos (heute Saleph) lockte: »Wenn seine Krieger im tiefen Schlummer lagen, ging der Kaiser an den herrlichen Ufern des Kalikadnos auf und ab. Das beobachtete eine Wassernixe. Jede Nacht tauchte sie aus den Fluten des Stromes empor, sobald sie Barbarossa gewahrte. Durch verlockenden Gesang wollte sie ihn für sich gewinnen, was ihr auch gelang. Der mächtige Kriegsheld, der so manchen Sarazenenheld bezwungen hatte, ließ sich von der Wassernixe besiegen. Eines Abends erhaschte er sie und entriss ihr mit Gewalt den Schleier. Grüne Locken umwallten ihr schönes Antlitz, und ein blaues Kleid umhüllte ihre Gestalt. Aber um den Kaiser war es geschehen. Er musste mit hinab in das kristallne Haus der Nixe. Keines Menschen Auge hat ihn je wieder gesehen. Vergebens suchten die trauernden Kreuzfahrer ihren Kaiser.

Auch ein Kampfgenosse Barbarossas, der König von England, suchte ihn allerorten. Als er zufällig an die Ufer des Kalykadnos kam, sah er mit einem Mal unsere Blume. Die schaute ihn als ein liebliches Undinchen mit grünem Haar und blauem Kleide an. Nie zuvor hatte er solch eine Blume gesehen. Er erblickte in ihr eine stumme Botin, die der Kaiser aus der Tiefe seinem Freunde gesandt hatte. Er sprach zu den Kriegern:

Seht, das ist das Wasserfräulein,
Das mit dem Sirenentone
Kaiser Rotbart hat verlockt.

In der Blume Knospe schaut ihr
Noch das Netz, das ihre Haare
Lange tückisch ihm verborgen.
Und hier ist die *Braut in Haaren,*
In der vollen Nixenschöne,
Wie sie sicher ihm erschienen,
Als er ihr das Netz entrissen,
Um in ihre vollen Locken
Nun der Myrte Kranz zu flechten.
Doch was scheint sie uns zu reichen
An dem dritten ihrer Stängel?
Ist es nicht des Reiches Apfel
Mit der Krone Kaiser Friedrichs,
Die durch sie der Barbarossa
Seinen Treuen senden will?
(Rehling & Bohnhorst: 302f)

Nuphar luteum

MÜMMELKEN
TEICHMUMMEL
BUTTERKIRNE

Siehe unter Nymphaea

Nymphaea alba

Seelilie
Weisse Seerose
Witt Mümmelken

Früher wurden weisse Seerose und Gelbe Teichmummel nur nach ihrer Blütenfarbe unterschieden. So hießen sie in Mecklenburg »gel und witt Mümmelken«, in der Mark »gelbe und weiße Mümmelen«, »weiße und gelbe Poppelblume« an der Unterweser. Theodor Fontane schreibt noch Ende des 19. Jahrhunderts in »Effi Briest« von »weißen und gelben Mummeln«, welche Effi auf Rügen am Herthasee sah. (Fontane: 253)

Da wir uns mit alten Namen beschäftigen, werden diese beiden Pflanzen hier nun auch zusammen vorgestellt. Nur wenn die Farbe im Namen auftaucht, wissen wir, ob es sich um die Gelbe Teichmummel oder die Weiße Seerose handelt.

Die Frucht der Gelben Teichmummel gleicht einem Butterfässchen, einer Butterkirne, also einem Gefäß, in dem die Butter gestoßen wurde. Daher kam der Name »Butterkirne«.

Weitere der schönsten alten Namen habe ich herausgesucht: »Bubbelke« in Ostfriesland, »Butterfässchen«, »Fröscheblumen«, »Wassermänngen« in Sachsen und Thüringen, »Nixblumen« in Schlesien. In der Eifel, wo es die Maare gibt, hieß sie »Maarrose«. Von Nixen bewohnte Seen heißen auch »Mummelsee«.

Nymphen und Elfen! Wer hört nicht gerne Geschichten von diesen zarten geheimnisvollen Gestalten: immer schön, immer jung, immer vom Wassergeist bewacht und beschützt. In der Vorzeit galt die Seerose nicht als eine Blume wie andere Blumen, sondern vielmehr als eine verwandelte Seejungfrau. Wenn Mitternacht kommt und der Mond über das Wasser scheint, dann tanzt sie und spielt auf der silbernen, zitternden Spiegelfläche. Auch bedienten sich Elfen und Nymphen der Seerosenblätter als Schiffchen und glitten darauf über die klaren Wasser.

Unter ihren Blättern aber hat sich dann lauernd der Nix versteckt und schaute der Elfe zu. Dieser Nix bewachte sie eifersüchtig. Er duldete es nicht, dass sich ihr jemand naht. Wer sie besitzen wollte, musste es gar vorsichtig anfangen. Es musste ihr erst freundlich zugesprochen werden, bevor sie mit der Hand rasch gebrochen wurde. Ihr Stängel durfte nicht mit einem Messer durchschnitten werden, denn sonst floss Blut aus ihm heraus. Wer es doch machte, den zog eine dunkle Gestalt in die schaurige Tiefe.

Von dem Ohligsweiher im Buchholze bei Schlebusch war bekannt, dass dort die Seelilie, Seerose und auch die Wassermummel wuchsen. Diese Blumen gehörten dem Wassergeist, den man auch »Kühleborn« nannte. Manches Kind, von der Schönheit der schwimmenden rosenartigen Blume wie von den prächtigen Blättern verlockt, wollte sie brechen, wurde aber, bevor es sie erreichen konnte, von einer plötzlich hervortauchenden Faust ergriffen und in die Tiefe gezogen.

Bei Jacob Grimm ist zu lesen: »... die nymphaea ... heißt nhd. *nixblume,* seeblume, seelilie, ... *näckebröd,* brot des wassergeistes ... die wasserlilie wird bei uns auch genannt *wassermännlein* und *mummel, mümmelchen* = müemel, mühmchen, wassermuhme, wie im alten lied die merminne ausdrücklich Morolts ›*liebe muome*‹ angeredet, und noch heute in Westfalen *watermöme* ein geisterhaftes wesen ist ...« (Deutsche Mythologie. 17. Kapitel)

Noch manch alte Sage weiß zu erzählen von der geheimnisvollen, auch unheimlichen Macht, mit der die Pflanze als Königin mitten im Reich der Gewässer waltet. Nur wo diese tief sind, ist sie anzutreffen. Selten nähert sie sich dem Uferrande. Es ist ihr da zu flach. Nur in angemessener Tiefe kann sie sich einwurzeln und ihre mächtigen Glieder entwickeln. Darum warnt die alte Volkssage vor der Weißen Seerose. Manch einer, der sich unvorsichtig bis zu ihr heranwagte, ist ihr als Opfer verfallen. Ihre Wurzeln und ihr Wurzelstock, von dem die lang gestielten Blätter und Blüten emporsteigen, ruhen in Schlamm eingebettet oft in jäher Untiefe. Der Fuß gleitet hinein, die strangartigen, zahllos herauf steigenden Stängel verstricken den schon halb Versinkenden und halten ihn fest, bis er erstickt ist.

Oenothera biennis

Gemeine Nachtkerze
Schinkenwurz
Rapontika

WEM WERDEN NACHTS DIE KERZEN ANGEZÜNDET? Welcher Gast wird zur späten Stunde erwartet, um Nektar zu schlürfen? Wenn es Insekten sind, wessen Rüssel ist länger als vier Zentimeter? Kurzrüsselige Insekten haben keine Chance. Sie können wieder weiter fliegen. Vier Zentimeter, so lang ist der sogenannte Blütenbecher (Hypanthium), in den der Rüssel getaucht werden muss, um Erfolg zu haben. Und Erfolg hat man, wenn vom Grunde des Blütenbechers der Nektar hochgesogen werden kann. Hier befinden sich die Samenanlagen. Und sie warten auf den Besuch, sie möchten bestäubt werden, oben mit Hilfe der Griffelenden, den Narben. Doch es gibt sie, die Schmetterlinge, die ihre Rüssel wie eine Spiralfeder ein- und ausrollen können und des Nachts unterwegs sind. In unserem Fall sind es die Nachtfalter aus der Familie der Schwärmer. Dazu gehört auch das Taubenschwänzchen. Also, dem Taubenschwänzchen wird die Nachtkerze angezündet! Das hört sich gut an. Noch zauberhafter wird es, wenn wir beobachten, dass ein Taubenschwänzchen im Schwirrflug – wie es andernorts die Kolibris machen – vor der Blüte steht. Konkurrenten, welche tagsüber unterwegs sind, wird so elegant aus dem Wege gegangen.

Wer schon immer wissen wollte, was »Rapontika« ist, der grabe die Wurzel der Nachtkerze aus und atme den schwachen Weingeruch ein. Da wären wir bei »Oinotheris«, dem Weinduft. Die Wurzel ist essbar, sie verfärbt sich beim Garen ins Rötliche und wurde daher »Schinkenwurz« genannt. Die Pflanze wurde deswegen nach ihrer vor zirka vierhundert Jahren erfolgten Einwanderung aus Amerika in vielen europäischen Gegenden angebaut und in der Küche wie Schwarzwurzel zubereitet. An Rapontika erfreute sie auch Johann Wolfgang von Goethe. Da die Pflanze zweijährig ist, worauf *biennis* im Artepitheton hinweist, kann die zarte Wurzel nur im ersten Herbst, wenn die Blattrosette ausgebildet ist, geerntet werden. Danach wird die Wurzel zäh und hohl und ist nicht mehr für den Verzehr geeignet. Auch Blätter und Blüten sollen gut schmecken. Also wieder eine Pflanze, welche mehr oder weniger nah an unserem Haus wächst und geerntet werden kann.

Aus den schwarzen Samen wird das wertvolle Nachtkerzenöl gewonnen, welches in Cremes verarbeitet den Falten in der Haut den Garaus machen soll.

Orchis

KNABENKRAUT
KUCKUCKSBLOME
FUCHSHÖDLEIN

DIE KNABENKRÄUTER GEHÖREN ZUR FAMILIE der Orchideengewächse (*Orchidaceae*). Was die zahlreichen Arten zu Knabenkräutern werden lässt, ist unterirdisch zu entdecken, die beiden Knollen. Die nebeneinander wachsenden Knollen gleichen einem Hoden. Daher stammt der botanische Name *Orchis* vom griechischen Wort für Hoden »orchis«.

Das Unterirdische hatten schon die alten Griechen untersucht, wie der Philosoph Theoprastos von Eresos. Der hatte die Knollen bereits um 300 v. Chr. entdeckt und als Kräuterkundiger die Pflanzen auch so beschrieben. Was er nicht wusste, aber behauptete, war, dass Frauen, welche die größere der beiden Knollen aßen, einen Jungen gebären würden. Auch ging das Gerücht, dass die Knollen als Aphrodisiakum wirksam seien. In alten Botanikbüchern wird schon mal die Erklärung für die »Knabenkräuter« umgangen. Es schien unsittlich zu sein, von »orchis«, dem Hoden, zu schreiben.

Am Niederrhein und in einigen anderen Gegenden sagten die Leute im Hinblick auf die in Schaum gehüllten Eier der Schaumzirpen am Stängel der Pflanze »der Kuckuck spukt darauf«, daher der Name »Kuckucksblome«, oder auch »Sprenglichter Kukuk« in Schlesien wahrscheinlich für das Gefleckte Knabenkraut. Niedlich ist auch der Name »Fuchshödlein« aus dem Elsass.

Origanum vulgare

GEMEINER DOSTEN
WOHLGEMUT
EYTERKRUT

Origanum soll so viel wie Zierde der Berge heißen, wobei das Pflänzchen wohl wegen der kleinen farbigen Lippenblüten, vielleicht auch wegen des Duftes so genannt wurde. Die Namen »Dosten«, »Dost« und »Dust« sind sehr alt und wurden von Brandenburg bis Siebenbürgen benutzt. Niemand scheint zu wissen, woher diese Namen abzuleiten sind. Ähnlich war der Name im Dänischen und Norwegischen, wo er »Tost« genannt wurde. Vielleicht rührt der Name vom in der Altmark gebrauchten »Blaue Dunst« her, womit die Farbe der zahlreichen Blüten, von ferne betrachtet, gemeint sein könnte. Vielleicht hängt der Name auch mit der Wuchsweise der Pflanze zusammen. »Dost« und »Dosten« wurde buschartig wachsendes Kraut genannt, womit viele andere Pflanzen auch gemeint sein können.

Im Volksglauben war Dosten sehr bekannt als eines der besten Mittel gegen die Hexen und Nixen und sogar dem Teufel könne mit ihm viel Leid angetan werden, wie es in einem Kräuterbuch von 1678 steht:

Dost, Hartheu und weiße Heid'
Tun dem Teufel viel Leid.

Allein die Berührung mit dem Kraut soll böse Geister vertrieben haben, wie in einer Volkssage aus dem Badischen berichtet wird: »Einst erzählte ein Mädchen seiner Mutter, es hätte von der Pate gelernt, Mäuse und Gewitter zu machen. Die Mutter erkannte sofort, dass dieses nur mit Hilfe des Bösen möglich sei, und unterschätzte die Gefahr, in welcher ihr Kind schwebte, nicht. Als kluge Frau nahm sie Dosten und Johanniskraut, nähte es der Tochter heimlich in die Kleider und verbot ihr, die Pate ferner zu besuchen. Doch die Zaubereien gefielen derselben zu sehr. Heimlich schlich sie nach dem verbotenen Orte. Hier wartete schon der Teufel, um sie als Beute fortzuführen. Doch als er sie berührte, roch er die Pflanzen im Kleid und schrie wild: ›Dosten und Johanniskraut / Entführen mir meine Braut!« Der Teufel musste entweichen, denn er hatte nun keine Gewalt mehr über das Mädchen.

Die Pflanze hieß auch »Wohlgemut« vielleicht wegen der Wirkung des starken und angenehmen Duftes seiner Blätter. Hieronymus Bock schrieb um 1574, der Name würde gedeutet, »dass die Pflanze Freude und guten Mut in den Menschen erwecke.«. (Siehe dazu auch das Brautlied, S. 4-5)

Nach einem alten Volkslied spendet die Pflanze auch Trost:

Ein Blümlein auf der Heiden,
mit Namen Wohlgemut,
Lässt uns der lieb' Gott wachsen,
Ist uns für Trauern gut.

Namen wie »Ayterkrut« und »Eyterkrut« sowie »Orkraut« und »Schwarzes Ruhrkraut« verweisen auf die Verwendung in der volkstümlichen Heilkunde.

Passiflora caerulea

BLAUE PASSIONSBLUME

DEN NAMEN »PASSIONSBLUME« BEKAM DIESE Kletterpflanze aus Südamerika wegen ihres Blütenaufbaus. In den Blütenbestandteilen sah man die Zeichen der Passion Jesu. Der rot besprengte Fadenkranz am Blütengrund würde einer Dornenkrone gleichen. Der gestielte Fruchtknoten ähnelt dem Leidenskelche und die drei Narben den Nägeln. Die fünf Staubblätter sind Sinnbild der fünf Wunden.

Pedicularis

Läusekraut
Karlszepter

Irgendetwas hat diese Pflanze mit Läusen zu tun. Fragt sich nur was! Da sind sich die Etymologen nicht einig. Die einen meinen, das Vieh würde durch Fressen der Pflanzen Läuse bekommen. Die anderen stellen zur Auswahl: entweder helfen Arten dieser Gattung bei der Läusevertilgung oder die zusammengedrückten Samen sehen aus wie Läuse.

Aber eine Laus ohne Beine?

Es gibt zahlreiche Läusekrautarten, viele besitzen schöne, farbenprächtige Blüten. Aber – alle würden stinken, sagt der Volksmund. Vielleicht nach Läusen? Mit Läusen haben die Pflanzen auf jeden Fall gemeinsam, dass sie Parasiten sind, die Tiere Vollparasiten, die Pflanzen Halbparasiten.

Den schönsten Namen unter den Läusekräutern hat das »Karlszepter«, auch »Moorkönig« genannt. Der botanische Name *Pedicularis sceptrum-carolinum* war bereits 1753 von Linné so veröffentlicht. Gemeint ist wohl Kaiser Karl der Große. Dessen Zepter strebt hoch empor. Das kann man auch von dem bis zu einem Meter hoch wachsenden streng geschützten Moorkönig sagen, der fast nur noch im Alpenvorland anzutreffen ist.

Physalis alkengii

LAMPIONPFLANZE
BLASENKIRSCHE
DE WÄLT IN EEN DÖSKE

DAS GRIECHISCHE »PHYSALIS« BEDEUTET BLASE. Die sehen wir, wenn die Frucht herangereift ist. Die Frucht – eine Beere – liegt orangerot in dem blasig aufgetriebenen orangeroten Kelch, der nun wie eine Blase ausschaut. Das sieht wunderschön aus und bleibt auch wunderschön, wenn der Kelch seine Farbe verliert und durchscheinend wird. Dann sind nur noch die Leitgefäße der alten Kelchblätter zu sehen, die nun eine zarte filigrane Struktur erkennen lassen, die kein Meister nachgestalten kann.

Und dann sehen wir auch »De Wält«, die ist nicht blau, sondern orangerot und liegt nun in einem filigranen »Döske«, wie man phantasievoll dies am Rhein beschrieb.

Während fast alle Physalisarten aus Amerika stammen, ist man sich bei der Lampionblume, *Physalis alkengii,* nicht einig, wo sie ihre Heimat hat. Stammt sie aus China oder gar aus Europa? Sie ist schon im 6. Jahrhundert in einem Text des Arztes Pedanios Dioskurides erwähnt. Dieser Text wird seit dem 16. Jahrhundert in Wien als Wiener Dioskurides aufbewahrt. In ihm ist die Blasenkirsche abgebildet.

Seit einigen Jahren schmeckt uns die Kapstachelbeere, *Physalis peruviana,* welche vor dem Verspeisen zunächst den Augen einen Schmaus bereitet.

Polygala vulgare

KREUZBLÜMCHEN
MILCHKRAUT
HAHNENKOPF

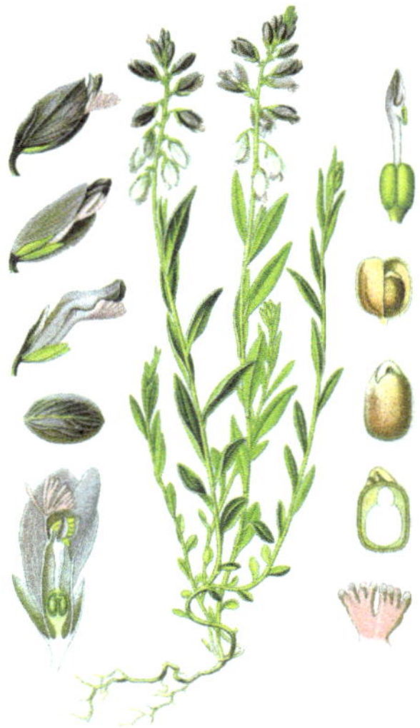

DAS KREUZBLÜMCHEN BEGINNT IN DER KREUZWOCHE in den Tagen vor Christi Himmelfahrt zu blühen. *Polygala* heißt »Vielmilch« und bringt, wie es in den Kräuterbüchern des 16. Jahrhunderts beschrieben steht, »der Säugerin die versiegende Milch wieder.« Diese Kraft soll sie den Zwergen verdanken. An diese erinnert der Bau der Polygalablüte: Das untere Kronenblatt gleicht dem Kamm der Zwergenkönigin.

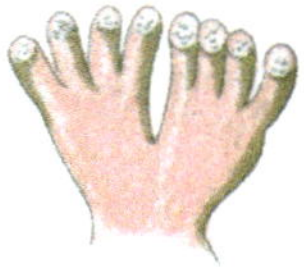

In der Schweiz dachte man dabei eher an ein Federvieh und nannte die Pflanze »Hahnenkopf«. Die beiden anderen Kronenblätter sehen aus wie die Hüte des Königspaares.

Die großen Kelchblätter bezeichnen die Platten, auf denen der Zwergenkoch dem königlichen Paar die Abendmahlzeit brachte.

Und im Blüteninnern sehen wir den Löffel des Königspaares, den die Menschen heute »Griffel« nennen.

Polygonatum odoratum

SALOMONSSIEGEL
WOHLRIECHENDE WEISSWURZ
MAIBLUME

»SIGILLUM SALOMONIS HEISSET ES DARUM, dieweil die Knoten an der Wurtzel ein solch Zeichen weisen, das einem Siegel oder Pitschaft nicht unähnlich siehet«, so steht es in dem Vollständigen Materialien-Lexicon aus dem Jahre 1721.

Die »Salomonssiegel« finden wir nicht an der »Wurtzel«. Es sind die Wurzelstöcke, die Rhizome, welche das »Siegel« tragen. Die dünnen Wurzeln sehen wir auf der unteren Seite des Rhizoms. Die Siegel! Das sind die Abbruchstellen der vorjährigen Blütenschäfte. Obige Illustration bildet eine Pflanze im dritten Jahr ab. Auf der rechten Seite des Bildes sehen wir den diesjährigen Austrieb. Es gibt immer nur einen Austrieb pro Jahr, und der ist am jungen zarten Ende des Rhizoms.

Wie die Pflanze zu ihrem Namen kam, erzählt folgende Legende:

Kein Mann war so weise und reich wie König Salomo. Auch war er reich an Wissen über alle Blumen, Bäume und Sträucher sowie über alle Tiere. Unter seinen vielen Schätzen war sein Siegelring der größte Schatz. Den Abdruck eines solchen Siegels finden wir auf dem Wurzelstock der Duftenden Weißwurz, *Polygonatum odoratum*.

Dazu müssen wir die Pflanze ausgraben. Auf dem Wurzelstock erkennen wir die rundlichen Vertiefungen. Nach der Anzahl der Siegel wissen wir, wie alt die Pflanze ist.

Achtung! Die Wohlriechende Weißwurz riecht wohl, doch enthält sie Giftstoffe. Sie ist leicht mit der Vielblütigen Weißwurz, *Polygonatum multiflorum*, zu verwechseln, bei der drei bis fünf Blüten gemeinsam an einer Stelle heraus treten und nicht ein oder zwei, wie es beim Salomonssiegel der Fall ist.

Wir finden ihn blühend zu Beginn des Sommers in lichten Wäldern.

Polygonum aviculare

VOGELKNÖTERICH
HANSEL AM WEG
WEGELAUF

DER VOGELKNÖTERICH HAT VIELE KNOTEN (das sind die Stellen am Stängel, an denen sich die Blättchen bzw. neue Triebe entwickeln) und hieß deshalb »Knotengras«. »Swinekrud« oder »Heinzlin by dem Weg«, waren andere Namen, wobei wir bei unserer Geschichte von der Jungfer im Grünen und unserem Hansel am Weg wären (siehe die traurige Sage unter *Nigella damascena*, S. 83).

Die Vögel tauchen auch im Artepitheton des botanischen Namen auf: *aviculare*, von avis. Im Herbst, wenn die kleinen braunen Früchtchen reif sind, werden diese von den Vögeln gerne aufgepickt.

Das folgende Märchen der Südslawen handelt von dem massenhaften Auftreten des Vogelknöterichs, weshalb er auch »Wegelauf«, »Wegtreta«, »Wegtritt« genannt wurde: »Einst machte sich in aller Frühe eine alte Hexe auf und zog ins Gebirge, um dort zu hexen und allerlei Kräuter zu sammeln. Gegen Mittag trat sie den Heimweg an und begegnete dem Vogelknöterich, der hastig ins Gebirge flüchtete. Die Hexe fragte ihn: ›Ei, wohin, Vöglein? Was für Ungemach treibt dich auf diesen rauen Pfad?‹ Der Vogelknöterich antwortete: ›Bei Gott, Mütterchen, da unten geht's nicht mehr. So oft der Bauer gräbt oder umgräbt, so jätet er zugleich nach besten Kräften. Da würgt, reißt und schindet er mich, sucht mich zu entwurzeln, und da heißt es fliehen, um ein Ruheplätzchen ausfindig zu machen, wo ich in Frieden gedeihen und mich vermehren könnte.‹ Da meinte die Hexe: ›Vöglein, auf und zurück in die Heimat! Merk es dir: wo man viel gräbt, umgräbt und jätet, da gedeiht alles besser, und die Wurzeln können sich besser ausbreiten. Sagt doch das Sprichwort: *Weh dem Ding, das nicht gehegt wird.*‹ Der Knöterich kehrte um, und seit dieser Zeit findet man ihn auf Äckern und Wiesen, in Weinpflanzungen und Gärten, kurz überall, wo man ihn nicht haben will, und es fällt schwer, ihn gründlich auszurotten.« (Reling & Bohnhorst: 173)

Potentilla erecta

TORMENTILL
BLUTWURZ
RUHRWURZ

»WENN NICHTS MEHR HELFEN WILL, DANN HILFT NUR Tormentill«, hieß es im Bergischen Land.

Wir haben eine sehr heilkräftige Pflanze vor uns, die mindestens seit der Zeit der Hildegard von Bingen gegen alle Erkrankungen angewandt wurde. Die heilsamen Kräfte des unterirdischen Wurzelstocks (Rhizom) sind wegen des hohen Gerbstoffgehaltes stark adstringierend (zusammenziehend) und entzündungshemmend. Daher wurden und werden die Rhizome bei Entzündungen des gesamten Verdauungstrakts angewandt. Das kräftige, innen blutrote Rhizom wird bevorzugt im Frühjahr und im Herbst ausgegraben, getrocknet und von den Wurzeln befreit. Es wird zerkleinert, und man kann aus ihm einen alkoholischen Auszug oder einen Tee zubereiten.

Tormentill ist in ganz Europa verbreitet, bevorzugt Magerwiesen und Niedermoore mit mäßig sauren Böden. Die buttergelben Blüten haben meist nur vier Kronblätter, welches in der Familie der Rosengewächse, die ansonsten fünf von denen besitzt, eine Ausnahme ist.

Die Pflanze hieß zunächst *Tormentilla erecta*. So war sie von Carl von Linné in der »Species plantarum« 1753 beschrieben worden. Vierzig Jahre später wurde sie von dem Botaniker Ernst Adolf Räuschel in die Gattung *Potentilla* gestellt.

Primula veris

Schlüsselblume
Himmelschlüsselblume

Die Blüte ähnelt solchen Schlüsseln, wie sie früher gebräuchlich waren. Zieht man die gelbe Blumenkrone heraus, so bleibt die Kelchröhre wie ein zierliches Schloss mit dem Schlüsselloch zurück. In einer Legende wird der Name der Pflanze erläutert: Als Petrus erfuhr, dass für die Hinterpforte des Himmels ein Nachschlüssel angefertigt worden war, fiel dem Pförtner des Himmels vor Schreck das Schlüsselbund aus der Hand. Das durfte nicht geschehen, dass ein Unbefugter ins Himmelreich gelangte. Sein Schlüsselbund fiel und fiel, bis es auf die Erde gelangte. Ein Engel wurde losgeschickt, um die Kostbarkeit zu holen. Aber die goldenen Schlüssel hatten sich in die in die Erde gebohrt und waren zu einer goldenen Blume erblüht. Aber das Schlüsselbund konnte der Engel an sich nehmen. Es wurde dem Petrus überreicht. So hat nicht nur Petrus ein Schlüsselbund, aber auch wir können jeden Frühling aufs Neue die Himmelsschlüssel auf den Wiesen sprießen sehen und wissen: Petrus hat uns den Blumenhimmel aufgeschlossen.

Eine Sage erzählt aus schwäbischer Sicht, wie die Schlüsselblumen zu ihrem Namen kamen: »In Schwaben sah ein Kuhhirt zur ungewöhnlichen Zeit nicht weit von einer verrufenen Ruine eine Schlüsselblume. Er pflückte sie und steckte sie der Seltenheit wegen an den Hut. Aber bald fühlte er, dass der Hut schwer auf dem Kopf drückte. Um zu sehen, was den Druck verursachte, nahm er den Hut ab und fand zu seinem größten Erstaunen, dass die Blume in einen silbernen Schlüssel verwandelt war. Als er nun noch das Wunder überrascht betrachtete, erschien plötzlich eine himmlische Jungfrau, die ihm freundlich zulächelte und ihm riet, die geheime Tür eines nahen Berges aufzuschließen, wo viele Schätze verborgen lägen. ›Du wirst da‹, sprach sie, ›unermessliche Reichtümer an edlem Metall finden; nimm davon so viel, als dir gut scheint, doch vergiss *das Beste* nicht‹.

Der Hirt ging zu dem ihm bekannten Berge, schloss die Tür eines Felsen auf, sah im Innern viel Gold und Edelsteine liegen und füllte damit seine Taschen und Ärmel bis oben an. In seiner Freude eilte er schnell von dannen, um Frau und Kindern sein Glück zu verkünden, ließ aber leider das Beste, die aufschließende Blume liegen. Hätte er den Sinn des Auftrages und der Warnung richtig verstanden und die Wunderblume heimgebracht, so hätte er dadurch zu einer nie versiegenden Quelle des Reichtums Zutritt gehabt, und die Menschheit wäre in den Besitz aller in der Erde verborgenen Schätze gelangt. Ob aber zu ihrem Besten?« (Warnke: 162f)

Und zum Abschluss noch ein Gedicht für unsere Schlüsselblume von Friedrich Rückert:

Himmelsschlüssel ist genannt ein goldnes,
Feingebildetes Blümchen auf der Wiese,
Weil den Himmel auf Erden sieht die Unschuld
Aufgeschlossen im Frühling unter Blumen.

Pulmonaria officinalis

GEFLECKTES LUNGENKRAUT
DIE UNGLEICHEN SCHWESTERN

IM MÄRZ BEGINNT DAS »LUNGENKRAUT« ZU BLÜHEN. So wurde es in Schlesien genannt. Lungenwurz und Lunckwurcz hieß es vor tausend Jahren bei Hildegard von Bingen. Wieso wurde die Pflanze so genannt und ist noch heute unter diesem Namen bekannt?

Wir sehen die mit weißen Flecken versehenen grünen Blätter und rosa und blau gefärbte Blüten. Nach dem Schweizer Alchemisten Paracelsus (vermutlich 1493-1541) zeigt uns eine Pflanze mit ihren Merkmalen, welche Krankheit sie heilt. Bekannt ist dies unter dem Begriff »Signaturenlehre«. Bei unserem Lungenkraut sind es die weißen Flecken auf den Blättern, welche an eine löchrige Tuberkuloselunge erinnern. Deshalb wurde das Lungenkraut als Mittel gegen diese Krankheit genutzt.

Sehr schön ist eine Bezeichnung aus dem Aargau. Hier hieß die Pflanze »Die ungleichen Schwestern«. Auch waren Namen wie »Adam und Eva« und »Hänsel und Gretel« im Rheinland angesagt. Gemeint sind mit diesen Namen die unterschiedlich gefärbten Blüten. Die Blütenknospen und jungen Blüten sind rosa, die älteren Blüten dagegen blau. Man nennt Pflanzen mit solch unterschiedlich gefärbten Blüten auch »Ampelpflanzen«. Die rosa Blüten bedeuten den bestäubenden Insekten so viel wie »hier ist der Tisch gedeckt«. Nach der Bestäubung färben sich die Blüten blau. Die Ampel ist umgeschaltet und bedeutet den Insekten »hier ist nichts mehr zu holen«.

Der Naturlyriker Hermann Löns deutete die beiden Farben des Lungenkrautes in seinem Gedicht »Sehnsucht« anders:

Die Lungenblumen blühen
Aus dunkelgrünem Moos,
Mein Herz das bebt und zittert
Meine Sehnsucht ist so groß.

Die beiden blauen Blüten
Erinnern mich so sehr
An deine lieben Augen,
Mein Herz das schlägt so schwer.

Es geht ein Zittern und Beben
Durch meiner Seele Grund,
Rot ist die eine Blüte,
Rot wie dein roter Mund.

Am Schluss möchte ich mit dem Namen »Hasenpopo« aus einer Rendsburger Apotheke noch Freude verbreiten. Wer möchte nicht über diese weichen Blätter streicheln!

Pulsatilla vulgaris

ECHTE KÜCHENSCHELLE
SCHLOTTERBLUME
KLOCKENBLOM
TAGESCHLAF

EINE SCHELLE, EINE GLOCKE FÜR DIE KÜCHE? Nein, es fehlt ein »h« im Namen: »Kühchenschelle« müsste es eigentlich heißen, eine Schelle für ein Kühchen, ein Kalb. Die Blüte des Hahnfußgewächses sieht den Glocken ähnlich, mit denen Kühe und Kälber auf die Weide getrieben wurden. Wenn die »Klockenblom« – so an der Unterweser genannt – im April und Mai blüht, läutet sie mit ihren dunkel violetten Blüten den Frühling ein. Wie es sich für eine Glocke gehört, hängt die Blüte nach unten und zeigt ihre vielen buttergelben Staubblätter – eine wunderbar gewagte Farbzusammensetzung – nicht. Als »Tageschlaf« macht die Blüte selbst im vollen Sonnenschein ein Nickerchen. Doch die Hummeln wissen Bescheid und weiden in diesem Pollenhimmel.

Die Küchenschelle als Frühlingsbotin wurde im Elsass »Osterblume« genannt. Der Name »Schlotterblume« bezieht sich auf die Pflanze, wenn sie sich der Fruchtreife widmet. Dann werden aus den vielen einzelnen Fruchtknoten einer Blüte viele reife Früchtchen. Diese schlottern nun wie »Schlotten« – das waren Oberkleider aus grober Leinwand – mit dem flaumigen Schmuck ihrer verlängerten Griffel. Sind die Samen reif, lösen sich, und die Früchte fliegen mit ihnen davon.

Auch der botanische Name *Pulsatilla* vom lateinischen »pulsatus« weist auf den Schlag im Sinn von Glockenschlag hin. Die Pflanze ist sehr giftig, wird aber – allerdings nur homöopathisch – als Heilpflanze eingesetzt. Dazu wird sie in Heilpflanzengärten angebaut. Nach der Bundesartenschutzverordnung ist sie eine besonders zu schützende Art. Früher überall in Europa auf trockenen sonnigen Wiesen verbreitet, ist sie heute nur noch im Mittelgebirge zu finden.

Ranunculus ficaria

Scharbockskraut
Feigwarzenkraut
Mäusebrod

Dieses mit leuchtend gelben Blüten ausgestattete, niedrig wachsende Frühlingsblümchen hatte viele Namen, von »Bettlerkraut« im Berner Oberland, bis »Feigwarzenkraut«, »Glitzerli« in Luzern, »Mäusebrod« in Schlesien und »Schorbock« in Fallersleben.

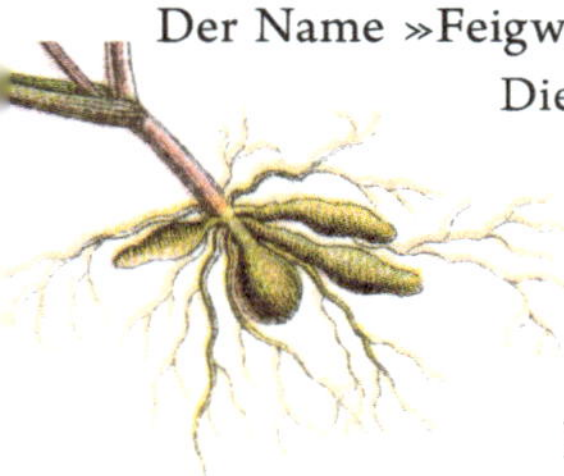

Der Name »Feigwarzenkraut« weist auf die Wurzelknöllchen hin. Die sehen aus wie Feigwarzen, das sind durch Viren verursachte Genitalwarzen. Diese Knöllchen sind nahrhafte Stärkespeicher und dienten den schlesischen Mäusen als »Brod«. Die leuchtende Farbe der Blüten im eher farbenarmen Vorfrühling hat zur Bezeichnung »Glitzerli« animiert.

Der alte Name »Schorbock« bzw. »Scharbock« weist auf die Vitaminmangelerkrankung Skorbut hin. Betroffen waren besonders die Seeleute, wenn sie monatelang auf den Schiffen unterwegs waren und von Mundfäule gequält wurden. Die ersten Frühlingskräuter aus der Familie der Hahnenfußgewächse brachten Linderung bzw. verhinderten den Ausbruch der Krankheit. Daher wurde es auch »Scharbockskraut« genannt, was heißt, dass wir das massenhaft auftretende Kräutlein noch heute im Frühling ohne schlechtes Gewissen ausrupfen und unseren Salat damit aufpeppen können.

Rhinanthus

KLAPPERTOPF
KLINGENDER HANS
MILCHDIEB

ES GIBT DEN KLEINEN KLAPPERTOPF *Rhinanthus minor* und den Großen Klappertopf *Rhinanthus major.* Halbschmarotzer sind sie beide. Photosynthese machen sie selber, können also Zucker bilden, was wir an ihren grünen Blättern erkennen können. Klappern können ebenfalls beide, der große ein wenig mehr als der kleine.

Wo sie klappern? Auf artenreichen Wiesen. Womit sie klappern? Das tun sie mit den reifen Samen, wenn diese sich von ihren Samenstielchen gelöst haben und in der Fruchtschale nun frei herumgeistern und klappern, besonders wenn der Wind über sie geht.

Da sie, wie es sich für einen Halbschmarotzer gehört, die Wurzeln der umgebenden Pflanzen anzapfen, gab man ihnen auch den Namen »Milchdieb«, obwohl sie den Wurzeln nur Wasser entnehmen.

Der botanische Gattungsname *Rhinanthus* leitet sich von *rhinos* für Rüssel ab, womit die rüsselartig ausgezogene Helmspitze gemeint ist. *Rhinanthus* kann so als »nasenblütig« gedeutet werden. Der Große Klappertopf *Rhinanthus angustifolius* wächst um einiges höher als sein kleiner Bruder. In St. Gallen soll er nicht geklappert, sondern gekläfft haben und hieß daher dort »Kläffli«. In Tübingen hat er geklungen, daher nannte man ihn dort »Klingender Hans«. In der Eifel hieß er »Klapper« und in Mecklenburg »Klappertasch«. Sein Klapper- bzw. Kläffgebiet ist immer noch weit verbreitet.

Sanguisorba officinalis

GROSSER WIESENKNOPF
BLUTTRÖPFLEIN
WURMWURZ

ENDE MAI BIS JUNI KANN MAN MIT VIEL GLÜCK die roten Knöpfe auf gesunden Wiesen sehen. Diese zu den Rosengewächsen (*Rosaceae*) gehörende Pflanze ragt dann bis zu eineinhalb Meter über die anderen Wiesenbewohner empor. Der Name »Wiesenknopf« gibt bereits Hinweise auf sein Aussehen. Der Knopf ist das zirka drei Zentimeter hohe Blütenköpfchen, in dem viele einzelne Blütchen versammelt sind, die keine Kron-, sondern nur Kelchblätter besitzen, was ziemlich ungewöhnlich ist. Aus dem Kelch hängen gleichlange Staubfäden heraus.

Der botanische Gattungsname *Sanguisorba* setzt sich zusammen aus »sanguis« für Blut und »sorbere« für Einsaugen von Flüssigkeit, also ein »Blutsauger«. Laut der Signaturenlehre des Paracelsus wiesen diese Merkmale die Pflanze als Blut stillende aus, als »Bluttröpflein«. Es wurde seit dem Mittelalter gegen Frauenleiden, aber auch gegen Durchfall und Krampfaderleiden angewandt.

Als »Wurmwurz« befreite sie in Schlesien und Ostpreußen die Pferde von solchen. Schön ist auch der Name »Schaopskötelkes« bei Heinsberg, wo es wohl viele Schafe gab und ihre Hinterlassenschaften an die Blütenköpfe erinnerten. Warum nicht? Hauptsache, die Menschen wussten, welches Pflänzchen gemeint war. Doch ungeklärt ist, wie die ovalen »Kötelkes« auf den doch ziemlich hohen Stängel kamen.

Ein gewisses Durcheinander herrscht bei dem Namen »Pimpernell« und »Bimbernell«. So oder ähnlich wurden und werden bis heute verschiedene Pflanzen genannt, wie unser Großer Wiesenknopf, sein Bruder, der Kleine Wiesenknopf, aber auch der Anis, der aus einer ganz anderen Pflanzenfamilie, den Doldenblütlern, stammt. Der Anis heißt sogar mit botanischem Namen *Pimpinella anisum*.

Frische junge Blätter und Triebe vom Großen Wiesenknopf und Kleinen Wiesenknopf sind manchmal auf dem Markt zu finden und landen dann in unserem Salat. Vom Anis kennen wir ganze oder gemahlene Früchte, welche diesen typischen Geschmack haben.

Vom »Kleinen Wiesenknopf« ist zu sagen, dass er ein wenig hübscher aussieht als sein großer Bruder. Auch ihm fehlen in seinen kleinen Blütchen die Kronblätter. Aber er hat keine zwittrigen Blüten wie der Große Wiesenknopf, also mit Staub- und Fruchtblättern. Bei ihm sind weibliche Blüten mit Fruchtblatt und männliche Blüten mit Staubblatt schön getrennt. In der »Scientia amabilis«, unserer lieblichen Wissenschaft, der Botanik, nennen wir dies »einhäusig« oder »monözisch«. Warum die Pflanzen »Herrgottsbärtlein« genannt wurden, liegt an den »Bärtlein« im unteren Teil des Blütenstandes. Hier hängen – im Vergleich zum großen Bruder – lange Staubfäden heraus. Aus denen ist das »Bärtlein« des lieben Herrgott gemacht.

Am Ende fragt sich, für wen die Knöpfe sind, etwa für die Zwerge oder die Grasprinzessin? Das muss noch wissenschaftlich geklärt werden.

Saponaria officinalis

GEMEINES SEIFENKRAUT
SEIFENWURZ
WASCHWURZ

BOTANISCHER UND VOLKSTÜMLICHER NAME SAGEN DAS Gleiche aus: Die Staude kann wie Seife zum Waschen genutzt werden. Im Sommer blüht das Nelkengewächs als Verschönerung an vielen Stellen einer Ortschaft. Es ist verwildert, das heißt, es ist aus den Gärten »ausgebüchst« und macht sich jetzt dort breit, wo es ihm gefällt.

Wegen des Saponingehaltes in den Wurzeln und Wurzelstöcken (Rhizomen) war die Pflanze in Europa bis zum Beginn des 20. Jahrhunderts Seifenersatz. Es findet noch heute Verwendung als Reinigungsmittel. In manchen Gegenden Südosteuropas werden Wäschestücke mit den fingerdicken, angeschnittenen Rhizomstücken »eingeseift«. Bei uns verwenden Umweltbewusste Seifenkrautlösung zur behutsamen Teppich- und Polsterreinigung. In Restaurationswerkstätten wird die Seifenkrautlösung zur Reinigung historischer Textilien verwendet.

Wie bei Nelken üblich, sind die Kelchblätter zur Kelchröhre verwachsen. Die leicht rosa gefärbten fünf Kronblätter sind verantwortlich für die Bezeichnung »Stieltellerblüte«. Sie blühen von Juni bis Oktober. Abends und nachts ist der Blütenduft am stärksten und lockt insbesonre die Nachtfalter an. Die gelangen mit ihrem langen Rüssel durch den »Stiel« an den Nektar, welcher sich am Grund der zwei Zentimeter langen Kronblattnägel befindet. Tagsüber werden Pollen fressende Bienen durch die Staubblätter beköstigt.

Sedum acre

SCHARFER MAUERPFEFFER
HÜHNERZEHEN
TRIPMADAM

MAUER UND PFEFFER: WIE GEHT DAS ZUSAMMEN? Die Mauer deutet auf den Standort hin. Der »Pfeffer« verrät, wie die Blättchen schmecken, nämlich »acre«, scharf. Schon einmal ein Blättchen probiert? Am schärfsten sind die Blättchen des Scharfen Mauerpfeffers morgens, am schwächsten abends. Wieso das so ist, versuche ich mit einfachen Worten zu erklären: *Sedum acre* ist ein blattsukkulenter *Chamaephyt* mit CAM und amphistomatischen Blättern. Alles klar? Ein weites Feld, würde Fontane sagen.

»Blattsukkulent« weist auf die Wasser speichernden Blätter hin. *Sedum*, im Deutschen »Fetthenne«, ist in der Familie der *Crassulaceae*, der Dickblattgewächse zuhause. Die Wasserspeicherung in den Blättern unserer kleinen Pflanze macht diese dick, daher Dickblatt. »Chamaephyt« ist die Bezeichnung für seine Lebensform. »Chamae« bedeutet: nahe der Erde. Und was soll da sein? Die Erneuerungsknospen im Frühling! Deren Lage ist ausschlaggebend dafür, wo eine Pflanzenart im System der Lebensformen ihren Platz hat. Das gilt weltweit. Bei einem Chamaephyten dürfen die Erneuerungsknospen nicht über fünfundzwanzig Zentimeter über der Erdoberfläche anzutreffen sein.

Jetzt kommen wir zu »amphistomatisch« und »CAM«. Der Scharfe Mauerpfeffer hat einen besonderen Stoffwechsel in wunderbarer Anpassung an seinen meist wasserarmen Standort, z.B. an einer Mauer oder zwischen Bahngleisen. Deshalb hat er die Spaltöffnungen, welche er zum Wasserhaushalt benötigt, auf beiden Seiten eines Blattes, das nennt man »amphistomatisch«. Bei anderen Pflanzen befinden sich die Spaltöffnungen nur auf der Blattunterseite. Die Spaltöffnungen öffnet unser Mauerpfeffer nur nachts, da es dann nicht so heiß ist. Das hat zur Folge, dass er auch nur nachts Kohlendioxid aufnehmen kann. Die entstehende Apfelsäure wird gespeichert und tagsüber der Photosynthese zugeführt. Die Apfelsäure ist es, welche den Mauerpfeffer so scharf macht, besonders morgens.

Dieser »Säurestoffwechsel der Dickblattgewächse« wird international nach der Familie der *Crassulaceae* benannt: Crassulaceen Acid Metabolism. CAM kommt auch in anderen Pflanzenfamilien vor.

Ist »Tripmadam« nicht ein schöner, eigenwilliger Name? Eine Madam, die trippt oder trippelt. »Tripmadam« nennen sich verschiedene Sedumarten. Viele Blättchen von Tripmadam von *Sedum acre* sollte man nicht essen, da Inhaltsstoffe drin sind, die in Massen nicht so gut für uns sind.

Auch Tiere wurden zur Namensgebung herangezogen, z.B. Ziegen, Hühner und Hähne: »Hühnermobbele«, »Hühnerschnabel«, »Hühnerzehen« und »Hahnenkopf«, »Gänsefißcher«, »Geißkräutlein«, und andere. Das geschah wohl im Hinblick auf die leicht gebogenen, prallen Blättchen.

Sempervivum tectorum

DACHWURZ
DONNERBART
JOVIS BARBA

IM JULI WÄCHST AUS DER ROSETTE DER DICKFLEISCHIGEN Blätter ein bis zehn Zentimeter hoher Blütenschaft heran, aus dem sich doldenartig angeordnete, sternförmige, rosa bis schmutzigrot gefärbte Blüten entwickeln. Doch das tun sie nicht jedes Jahr. Früher wurden solche Pflanzen auf Dächer und Mauern gepflanzt und bekamen den Namen »Dachwurz«. Hier auf dem Dach hatten sie die Aufgabe, vor Blitz zu schützen und den Donner zu vertreiben, was ihnen den Namen »Donnerbart« einbrachte, dessen Übersetzung aus dem mittellateinischen »Jovis barba« stammte. Das wiederum war auf eine Sitte aus dem Süden zurückzuführen, welche wohl durch Mönche verbreitet worden war. Im »Capitulare de villis« Karls des Großen aus dem Jahre 812 können wir lesen, was Pächtern der Hofgüter vorgeschrieben war: »et ille hortulanus habeat super domum suam Jovie barbam«, »jeder habe auf seinem Hause den Jupiterbart (barba jovis).«

Alte Zeugnisse sind seit dem 14. Jahrhundert nicht selten. So lesen wir bei Konrad von Megenberg (1309-1374): »die maister, die sich fleizent zauberei, die sprechent daz ez den donr und daz himelplatzen verjag und darumb pflanzet man ez auf den häusern.«

Laut Dioskurides wurden Dachwurzarten schon in der Antike auf Häuser gepflanzt. Als »Donnerpflanze« waren sie in weiten Teilen Europas bekannt, so von England (house-leek) bis in die Herzegowina. Vielleicht hielten die Pflanzen auch nur lose Ziegel- oder Strohdächer zusammen oder schützten die Lehmdecke vor Auswaschung.

Die rote Farbe und die eigenartige Lebensform beflügelten den Aberglauben. Das Blühen wurde als Vorzeichen gedeutet, dass ein Bewohner des Hauses bald sterben würde. Auf den Kirch- und Friedhöfen ist die »Grabesblume« noch heute im Süden Deutschlands anzutreffen. Als *Sempervivum,* »immer lebend« entspricht sie dem christlichen Glauben vom ewigen Leben.

In der Volksmedizin wurde die Pflanze gegen alle möglichen Erkrankungen eingesetzt. Sollten Warzen vertrieben werden, musste mit einem nassem Hauswurzblatt während einer Beerdigung über die entsprechende Stelle gestrichen und gesprochen werden: »Es läutet dem Toten ins Grab, damit wasche ich meine Warzen ab!«

Interessant ist es, dass die zusammenheilende Kraft der Hauswurz so groß gewesen war, dass sie noch das Fleisch im Topf zusammen wachsen ließ. So steht es jedenfalls im »Handwörterbuch des deutschen Aberglaubens«.

Succisa pratensis

GEWÖHNLICHER TEUFELSABBISS
MORSUS DIABOLI

BEREITS ENDE DES 15. JAHRHUNDERTS GAB ES EINE Zeichnung von dieser Pflanze im »Gart der Gesundheit«. Dieses Buch war im Jahre 1485 gedruckt und damit eines der ersten gedruckten Kräuterbücher überhaupt. Aus ihm können wir erfahren, welche Heilpflanzen es damals gab. Unser Teufelsabbiss gehört dazu. Auf der Abbildung suchen wir eine Blüte und Teufels Beitrag vergebens. Auf späteren Abbildungen erkennen wir die zartviolettblauen, kugeligen Blütenstände. Doch die biss der Teufel nicht ab. Da muss das Unterirdische der Pflanze untersucht werden, wie es sich bei einem Teufel gehört. Und siehe da: Wenn wir uns die Pflanze von unten ansehen, haben wir des Teufels Werk vor Augen. Die unterirdische Sprossachse, das Rhizom (nicht die Wurzel!) ist abgebissen! Warum tat der Bösewicht dies? War er krank und benötigte eine Heilpflanze, weil er schlechtes Blut hatte oder nicht mehr gut sehen konnte? Eine Sage aus Bayern erzählt uns mehr: Ein junger Mann schloss mit dem Teufel einen Pakt und verschrieb ihm seine Seele, wenn ihn der Teufel in die Heilkraft der Kräuter einweihe. Der Teufel tat es, und der Doktor half sehr vielen Menschen. Da fürchtete aber der Teufel, es möchte der Hölle dadurch ein zu großer Abbruch getan werden und machte den Doktor blind. Tappend und tastend fand dieser jedoch den Ort, wo das Kraut wuchs, band sieben Stücke in einem Büschel zusammen, hing sich dieses auf den bloßen Rücken und erhielt das Augenlicht wieder. Nun war der Vertrag vom Teufel selbst gebrochen, und der Doktor half noch vielen mit dem Kraut.

Um diesem die Heilkraft zu nehmen, biss der Teufel jede der mittleren Rhizome ab. Daher wurde die Pflanze »Teufelsabbiss« genannt.

Doch half dem Teufel das Abbeißen nichts, denn das Kraut ist noch immer heilsam gegen Augenflüsse und Augenschwäche.

Solche Geschichten erzählte man sich seit Jahrhunderten. Otto Brunfels schrieb in der ersten Hälfte des 16. Jh. über das Werk des Teufels:

Und haben auch die alten Weiber ire fantasien
Sprechen es sei so ein kostliche Wurzel
Dass der böse feind soliche kostliche artzeney dem Menschen vergunnet (missgönnt)
und so bald sye gewachst, beiße er sye ab
dahär sye haben soll iren nammen Teufels abbissz.

Im botanischen Gattungsnamen »Succisa« steckt das lateinische *succisus*, was »unten abgeschnitten« heißt. Wo das hübsche Pflänzchen wächst, sagt uns das Artepitheton *pratensis*: auf der Wiese.

Taraxacum officinale

LÖWENZAHN
DENS LEONIS
MÖNCHSKÖPFLIN
PUSTEBLUME
PFAFFENRÖRLIN

»DENS LEONIS«, DER ZAHN DES LÖWEN! ES IST SCHÖN, dass wir diesen so ganz ohne Scheu auf der Wiese oder am Weg betrachten können und vielleicht auch essen, im Frühling zum Beispiel, nachdem es schon lange nichts frisches Grünes mehr gegeben hat. Sie gehören zu den ältesten Vitaminspendern. Der Löwenzahn war also schon vor Jahrhunderten bekannt und hatte wohl die meisten volkstümlichen Namen, die sich auf sein häufiges Vorkommen, die Blütenfarbe, den Milchsaft, den hohlen Blütenschaft, den besonderen Fruchtstand, den kahlen Blütenboden, die harntreibende Wirkung oder die Verwendung als Salat beziehen.

Im Mainzer »Gart der Gesuntheit« von 1485 hieß der Löwenzahn auch »felryss«, was bedeutete, dass der Saft der Pflanze das Fell von den Augen nähme, also für klare Augen sorge. Das heißt im übertragenen Sinne, dass er dem Menschen zur Erkenntnis Gottes verhalf. Auch ließ er Geschwüre aufbrechen und war dabei so stark in seiner Wirkung wie ein »lewen zan«: »Der safft von felryß in die augen gelaissen benympt das fel dar in … Diß krut gestoissen und uff eyn zytig geschwer geleyt brichet eß uff an allen wethum. Diß krut hait meister wilhelmus eyn wuntartzet gewest fast lieb gehabt umb syner dogent willen, und darum hait er eß geglichen eynem lewen zan genant zu latin Dens leonis.«

Otto Brunfels (1488-1534) wies ebenfalls auf die Verwendung des Stängelsaftes für die Augen hin und auch darauf, dass mit seiner Hilfe die Hitze in den Gliedern gelöscht würde: »Das wasser vo dem rörlin ist gut dem gesycht, macht klar augen. Leschet allerley hiz in allen glyderen.«

Auch waren dem Botaniker Brunfels noch andere Namen bekannt: »Pfaffenblatt«, »gelb Sonnenwürbel«, »Münchsköpflin«. Der Gelehrte und Bischof Albertus Magnus (um 1200-1280) nannte die Pflanze auch »flos campi«, die Feldblume.

Der berühmte italienische Arzt Pietro Andrea Mattioli (1501-1577) beschrieb Mitte des 16. Jahrhunderts in einem seiner Kräuterbücher die Blätter und die Entwicklung der Blütenknospe bis zu den Früchten ganz genau, was damals noch eher ungewöhnlich war (am besten ist es, den folgenden Text laut zu lesen, dann ist er verständlicher): »Pfaffenroerle thuet sich herfuer baldt im anfangenden Lentzen / spreytet sich auff die erden mit seinen blettern / die sindt zu beyden seitten gespalten oder außgeschniten / vornen gestaltet wie Pfeyle. / Seyne zerkerbte zene an den blettern vergleichen sich den grossen saegenzenen. / Der stengel ist spanenlang, zart, rund, glatt, roetlecht hol wie ein strohalm / voll milch. Auff dem gipffel wachsen gruene bartete knoefflen / darauß werden schoene gelbe gefuellte blumen / als gemalte schoene Sonnen. / Als baldt solche blumen zeitigen werden haerige rund und wollechte koepff darauß / die fliegen sehr bald daruon das ist der same. Nach dem stehen die roerlen mit den weissen blossen runden platten ledig wie die beschorne Münchßkoepff ...«

Oft taucht »Pfaffe« und »Mönch« in den Namen auf. »Pfaffenroerle« bezieht sich auf den hohlen Blütenstängel, »Mönchsköpflin« (auch Caput monachi) auf den Boden des Fruchtstandes, wenn alle »Fallschirme« davon geflogen sind. Jedes Früchtchen hat eine kleine Narbe auf dem Fruchtboden hinterlassen und das erinnert an einen nicht so gut rasierten Mönchsschädel, auf dem es wieder zu sprießen beginnt.

Die Fallschirme werden gebildet von den »Pappushaaren«. Pappushaare, das sind die Kelchblätter, welche sich während der Fruchtreife zu solchen umgewandelt und nun eine andere Funktion bekommen haben. Sie verwandeln unsere Blume in eine »Pusteblume«. Bei der sind die winzigen Früchtchen mit dem noch winzigeren Samen an solch einem Fallschirm, Pappus, angeheftet. Die fallschirmartigen Kelchblätter sind nun zart und weiß und lieben den Wind. Der lässt sie davon schweben zu einem Ort, an dem sie sich niederlassen und beizeiten wieder in neue Pflänzchen »verwandeln« können.

Um die Butterblume, auch »Botterblumme« gibt es noch heute Unstimmigkeiten. Im Ruhrgebiet wird der gelbe Hahnenfuß so genannt, in Berlin und Brandenburg hat der Löwenzahn diesen Namen. Beenden wir den Streit und einigen uns auf *Taraxacum officinale*.

Doch wer nennt den Löwenzahn heute noch »Oculus porci«, »Säwrüssel«, »Kettenblum«, weil die hohlen Stängel zu Ringen ineinander gestreckt und zu Ketten geformt wurden, »Saumelke«, weil der mehr oder weniger giftige Milchsaft sauer schmeckt, »Pissblom« und »Bettpisser«, weil der Salat harntreibend wirkt?

An letztere Namen wollen wir nicht denken, wenn Löwenzahnblätter im Salat landen.

Trollius europaeus

TROLLBLUME
FACKELN DER TROLLE
WISSEBABBELCHEN

EINST HAUSTEN IN DEN TRÖDELSTEINEN KOBOLDE oder Trolle. Zwischen den Basaltbrocken befanden sich die Eingänge zu ihren unterirdischen Wohnungen. In diesen bargen sie in großen Kammern reiche Schätze an Gold und edlem Gestein. Die Menschen erfuhren davon, und ihre Gier trieb sie dazu, die Berge von außen anzubohren. Die Basaltsäulen rissen sie weg, gruben von oben Schächte, von der Seite Stollen, um in das Innere des Berges zu gelangen.

Die Zwerge, die tagsüber in ihren unterirdischen Wohnungen weilten und nur des Nachts herauskamen, um auf den weiten Hochflächen ihre Feste zu feiern, vernahmen das Picken und Klopfen da draußen sehr wohl. Anfangs lachten sie der Mühe, die sich die Menschen machten, in der Meinung, dass sie doch nicht bis zu ihnen gelangen könnten. Als aber das Gepoche immer näher kam, da packte sie die Angst, und sie beschlossen, ihre Schätze zur Nachtzeit hinüber zu schaffen in den Stegs- oder den Salzburger Kopf, in die Fuchskaute oder noch weiter in den Knoten. Sie packten alles in Kisten und Kasten, und als es Abend wurde, schleppten sie diese auf schmalen Pfaden durch das Geschwemm.

Am Himmel stand die Sichel des Mondes und leuchtete ihnen. Jeden Abend taten sie so. Aber der Mond wurde kleiner, und eines Abends, da sie mit ihren Lasten mitten im Geschwemm waren, ging er ganz hinter dunklen Wolken schlafen. Da kamen sie vom Wege ab und gerieten in die Sümpfe und drohten da zu versinken. Die kleinen Männer erhoben ein lautes Wehgeschrei. Das vernahmen die Elfen, die in den Erlenbüschen an den Wasserläufen wohnten. Sie schwebten hervor und fragten nach der Ursache ihrer Hilferufe und hatten Mitleid mit den armen Trollen. Aus dem Boden ließen sie überall zarte Stängel aufschießen, und auf jeden setzten sie goldene Lichtkugeln, dass sie jeden Pfad beleuchteten und die Trolle mit ihren Lasten sich wieder zurecht finden konnten auf dem Wege zu ihrer neuen Heimat. Die Elfen aber vergaßen, die Lichter zu löschen, und so stehen sie noch heute oben allenthalben zur Sommerzeit im Geschwemm und leuchten, die Fackeln der Trolle, die Trollblumen oder, wie sie im (hessischen?) Volksmund heißen, die »Wissebabbelchen«.

Die Fackeln der Trolle können wir von Mittel- bis Nordeuropa und im nördlichen Griechenland finden. Diese leuchtend gelben Hahnenfußgewächse wachsen gerne auf feuchten Wiesen und an Rändern von Gewässern. Auch steigen sie zu den Hochstaudenfluren im Gebirge auf, wie zum Beispiel in den Allgäuer Alpen.

Tussilago farfara

HUFLATTICH
HUSTENBRAUT
SOMMERTHÜRLE

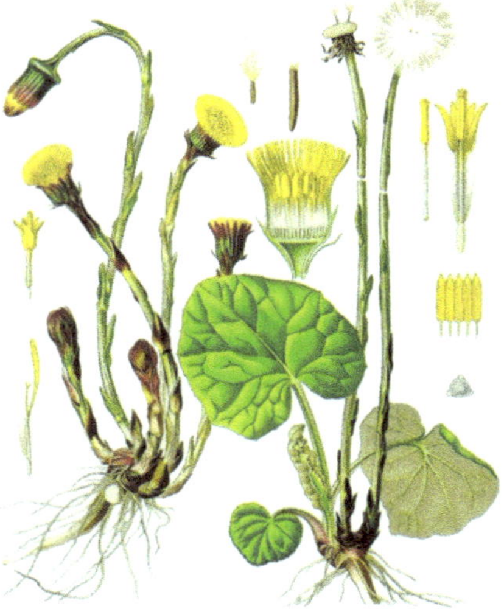

AUS DER GROSSEN ANZAHL DEUTSCHER VOLKSTÜMLICHER Namen für diese Pflanze – es sind an die siebzig – können wir folgendes ablesen: Die Pflanze ist seit langem bekannt, sie fiel durch ihr frühes Blühen auf, sie war weit verbreitet und wurde genutzt als Heil-, Rauch- und Polsterpflanze.

Doch ich möchte mit einem englischen Namen beginnen: »Son before Father«. Dieser Namen drückt eine Besonderheit aus, hier ist es das Erscheinen der Blüten vor den Blättern. Es gibt den Sohn – die Blüte – vor dem Vater – dem Blatt. Meist ist es ja umgekehrt bei den Pflanzen, und die Blätter erscheinen vor den Blüten. Nun, die Huflattichblüten erscheinen schon ab Februar. Sie sind die »Sommerthürle«, da ihre Blüten die Tür zum Sommer öffnen.

In einem einzigen Blütenkörbchen sind die am Rand wachsenden dreihundert Zungenblüten weiblich, die zirka vierzig Röhrenblüten in der Mitte männlich.

Die meisten Namen beziehen sich auf die Blätter, wie der Name »Huflattich«. Hieronymus Bock schrieb: »Darumb dass die linden Bletter mit ihren strämlein / Ecken / und Äderlein einem Roßhuf ähnlich sind«. Es war also nicht nur die Form der Blätter Namen gebend, sondern die gesamte Blattstruktur. Dies ist ein Grund, diese einmal genauer zu betrachten – und mit einem Rosshuf zu vergleichen!

Kommen wir zum botanischen Gattungsnamen *Tussilago*, dem »Hustenkraut«, »Hustenwurz« und der »Hustenbraut«. Schon die alten Römer hatten entdeckt, dass in den Blättern Schleimstoffe enthalten sind, welche reizlindernd beim Husten wirkten. Das tun die »Folia Farfarae«, die Blätter unserer *Tussilago,* noch heute. Der alte Dioskurides meinte: »Wenn die Blätter von diesem Kraut gedörrt und angezündet werden und der Rauch dann in den Hals kommt, soll dadurch der dürre Husten und die Engbrüstigkeit gewendet werden.« »Brandlattich« und »Tabacksblat« sollen zur Hustenbekämpfung eingesetzt worden sein. Darauf geht wohl die Tatsache zurück, dass Blätter des Huflattich auch ohne Husten Tabak ersetzten, wie nach dem Ersten Weltkrieg.

Zum Schluss unserer »son before father«-Betrachtung sind wir noch einmal in England. Hier glaubt man, dass Goldammer und Stieglitz ihr Nest mit dem Flaum von der Blattunterseite der »Polsterblätter« auskleiden. Das Artepitheton *farfara* deutet auf den Flaum hin. Also, noch einmal die Blattunterseite betrachten!

Urtica dioica

GROSSE BRENNNESSEL
DUNNERNETTEL
SINKELKRAUT

DER GATTUNGSNAME LEITET SICH VOM LATEINISCHEN Wort »urere« für brennen ab. Keine Pflanze schmerzt so sehr bei Berührung wie die Brennnessel. Es »brennt«, so wird der Schmerz bezeichnet. Dabei ist das Brennen bei Berührung der Kleinen Brennnessel, *Urtica urens,* größer als bei der Großen Brennnessel, *Urtica dioica*.

Hervorgerufen wird das Brennen durch Abbrechen der Brennhaare auf der Oberfläche von Stängeln und Blättern. Die Brennhaare bestehen aus Röhren, in deren Wände Kieselsäure eingelagert ist, was diese so fest macht. Unten in der Röhre befindet sich die »Brennflüssigkeit«. Oben an der Spitze ist eine schräge Sollbruchstelle, ähnlich wie bei einer Kanüle. An dieser Stelle findet der Bruch statt. Die »Kanüle« dringt in die Haut, entlässt die ameisensäurehaltige Flüssigkeit, es beginnt zu brennen. Quaddeln entstehen auf der Haut. Die Quaddeln können so groß wie eine Handfläche werden. Der stark juckende Ausschlag kann auf dem Körper wandern. Zum Glück sind diese Hautreizungen, nach der Pflanze »Urtikaria« genannt, nach einem halben Tag wieder verschwunden.

Doch hat die Brennnessel viele gute Seiten, die auch heute noch von Mensch und Tier genutzt werden, sei es zur Herstellung von Tuchen, zur Heilung von Erkrankungen, als Futtermittel für viele Schmetterlingsraupen, Vertilgung von Pflanzenschädlingen, als gesunde Beikost zum Essen. Falls Sie mal »cool« sein wollen bzw. müssen, nehmen Sie wenige Nesselblätter in die Hand, drücken diese zusammen bis alle Furcht schwindet, wie schon Friedrich Rückert wusste:

Wenn ihr an Nesseln streifet,
So brennen sie;
Doch wenn ihr fest sie greifet,
Sie brennen nie.
So zwingt ihr Feinen
Auch die gemeinen
Naturen nie;
Doch presst ihr wacker
Wie Nussaufknacker,
so zwingt ihr sie.

Nesseltuch wurde und wird aus den langen Bastfasern der Stängel gewonnen. Das Tuch ist besonders fest, strapazierfähig und langlebig, wenn auch ein wenig rau. Es war das Leinen für die armen Leute. Für Stricke, Bettlaken oder Geschirrtücher werden die Fasern noch immer genutzt.

Dioica als Artepitheton weist auf die Zweihäusigkeit der Großen Brennnessel hin. Es gibt reduzierte männliche Pflanzen, welche nur Staubblätter aufweisen (Abb. oben) und reduzierte weibliche Pflanzen nur mit einem Fruchtknoten (Abb. unten).

Die Blätter der Brennnessel sind Leckerbissen für die Raupen von über fünfzig Schmetterlingsarten. Liebe Leser, Sie fragen sich, wie diese zarten Lebewesen die Brennhaare überstehen? Doch schon die Raupen vom Kleinen Fuchs, der auch Nesselfalter genannt wird, oder die der Brennnessel-Zünslereule sind klug. Sie wissen, dass sie um die Brennhaare herum raupen müssen. Daher benutzen sie brennhaarelose Straßen entlang der Blattnerven und an den Blatträndern.

Vielleicht probieren sie einmal im Frühling Nesselsuppe, Nesseltee, Nesselsalat (Vorsicht, zuvor die Brennhaare unschädlich machen), geröstete Nesselsamen oder Sie bereiten beißendem und saugendem Befall Ihrer geliebten Balkon- und Gartenpflanzen den Garaus durch einen Brennnessel-Kaltwasserauszug. Die Jauche ist gleichzeitig eine Kur für die Pflanzen, was die Bereicherung mit Stickstoff als Düngemittel betrifft.

Veronica chamaedrys

GAMANDER-EHRENPREIS
MÄNNERTREU
NIMMERWEH

»VERONICA, DER LENZ IST DA«, DIESES LIED KOMMT uns in den Sinn, wenn wir die mit Tausenden von blauen Blütchen durchsetzte Wiese im Frühlings-Sonnenschein betrachten. Ja, hier in der Sonne ist Veronica bereit zu blühen, wenn es im Jahr soweit ist. Wir sehen der schönsten Jahreszeit entgegen.

»Ehrenpreis«, das ist ein schöner Name für dieses kleine, blaue Blümchen. Warum dieses Blümchen immer nur aus den Seitentrieben ihre Blüten treibt, nie an der Spitze und weil es wegen seiner außerordentlicher Heilkraft auch »Nimmerweh« geheißen hat, ist der folgenden alten pfälzischen Sage zu entnehmen: »Ein Holzfräulein hatte mit einer blauen Blumen, Nimmerweh geheißen, einer armen Tagelöhnerfrau ihre Entbindung erleichtert; dies half damit vielen ihres Geschlechts in gleicher Weise und gelangte zu Reichtum und Ansehen. Ihr Mann aber erschlug das Holzfräulein, weil er fürchtete, es könne auch andere Frauen mit dem Wunderkraut bekannt machen. Sterbend rief es ihm zu: ›O Nimmerweh, blüh nimmermeh, nun bist du immerweh, drum blühe nimmermeh!‹ Die Frau des Tagelöhners aber bat flehentlich: ›Lass doch noch die Nebenzweige blühen!‹ Von nun an blühte die Blume nicht mehr ganz, sondern nur an den Seitenzweigen. Diese Nimmerweh-Blume ist der Gamander-Ehrenpreis, dessen Blütentrauben aus den Blattachseln hervorgehen.« (Nießen, 1937: 198)

Veronicas sekundärer Pflanzenstoff, das Aucubin, hat hier wohl geholfen. Und das ist hauptsächlich in *Veronica officinalis* enthalten. Auch noch andere Veronica-Arten gibt es, mit denen der Ehrenpreis verwechselt wird. Alle Veronicas haben vier Blütenblättchen und nicht fünf, wie das ähnliche Gedenkemein, *Omphalodes verna*, oder das Vergissmeinnicht, *Myosotis,* so dass es vielleicht nur noch mit dem angepflanzten Großblättrigen Kaukasus-Vergissmeinnicht, *Brunnera macrophylla,* verwechselt werden kann. Also bitte die Blütenblätter zählen und sich die den Eichenblättern ähnlichen Laubblättchen ansehen. Das Artepitheton *drys* weist auf die Ähnlichkeit mit einem Eichenblatt hin.

Mit dem Namen »Männertreu« ist es ebenfalls schwierig. Nicht nur was die Treue der Männer betrifft, sondern auch welche Pflanze damit gemeint ist. Mit der »Mannstreu« ist es relativ einfach. Das ist die Stranddistel, *Ernyngium maritimum* (siehe Seite 61). Auch die blaue Lobelie aus der Familie der Glockenblumen, *Lobelia erinus,* wird so genannt. Bei unserer *Veronica* zeigt sich die Männertreue dergestalt, dass die blauen Blütenblättchen sehr schnell abfallen, versucht man das Pflänzchen zu pflücken. Also ist es besser, sie (oder ihn) stehen zu lassen.

Viola odorata

Wohlriechendes Veilchen
Märzveilchen
Rosenprophet

DAS WOHLRIECHENDE VEILCHEN KÜNDIGT MIT seinen Blüten im März das Kommen der Königin der Blumenwelt an: der Rose. Mit ihrem wunderbaren Blütenduft sendet das kleine Veilchen an jeden, der es wissen will, die Nachricht: Wenn ich verduftet bin, erscheint bald eine Blume, die ebenfalls wunderbar riecht. Ich bin »Guli-Peigamer« (Gül Peygamber), der Rosenprophet. So lobten die alten arabischen und persischen Poeten die duftreiche Blume. Auch steht geschrieben, dass der arabische Dichter Ebu Abrami »das weinende blaue Auge der Geliebten mit dem im Thau gebadeten Veilchen« vergleicht. Nach einer orientalischen Sage soll das Veilchen aus den Tränen des Adam entstanden sein: Adam war aus dem Paradies vertrieben worden und auf den höchsten Berg Ceylons gestürzt. Er vergoss bittere Tränen, aus denen entstanden die großen Bäume Indiens. Nach weiteren hundert Jahren Buße verkündete ihm der Engel Gabriel, dass Gott ihm Gnade gewähre. Daraufhin vergoss Adam Tränen der Freude und der Demut. Aus den Tränen sprossten duftende Blüten, darunter auch die Veilchen (siehe Strantz: 105).

Bescheidenheit und Demut, das sind die beiden Eigenschaften, die dem Duftveilchen auch heute noch nachgesagt werden. Doch so »bescheiden« es auch ist, so durchsetzungsfähig ist es auch. Es taucht meist in großer Gesellschaft auf. Allein trifft man es in freier Natur selten an. Da es auf Wiesen oder auch unter einem lichten Strauch dicht am Erdboden wächst – meist wird es nicht höher als zehn Zentimeter –, muss man sich bücken, um seinen Duft riechen zu können. Denn abpflücken, das will ja keiner. Seine »Demut« und violett-blaue Farbe, die samtene Blütenoberfläche und sein wunderbarer Duft machten das »Wohlriechende Veilchen« zum Lieblingsblümchen vieler berühmter Menschen und auch von Städten, wie der griechische Dichter Pindar (520-447 v. Chr.) es für Athen dichtete: »O herrliches, veilchenbekränztes, besungenes, Griechenland, Burgfeste, hochberühmtes Athen, du Himmelbegeisterte Stadt!« (Strantz: 107). Goethe eiferte dem Dichter Pindar nach, indem er sein Weimar zur Veilchen-umkränzten Stadt machte. Veilchensamen, die er in seiner Tasche gesammelt hatte, verstreute er in und um Weimar. In einem Gedicht gibt Goethe uns den Standort und die Wuchsweise des Veilchens an: »Ein Veilchen auf der Wiese stand, gebückt in sich und unbekannt ...« Heines Veilchen »kichern und kosen und schaun nach den Sternen empor ...« Eduard Möricke lässt sein blaues Band flattern, wenn Veilchen träumen, dass sie gerne balde kommen wollen.

So könnten wir mit Veilchengedichten fortfahren. Nicht nur im Orient und in Deutschland war das Sammetveilchen beliebt. Überall in Europa entstanden Gedichte über das Veilchen. Und nicht nur in Gedichten, auch in Gemälden wurde es verewigt, so wie von Stefan Lochner, der der Madonna ein Veilchen in die Hand (siehe Ausschnitt) malte. Das Gewand der Maria hat die Farbe des wohlriechenden Veilchens. Sicher hätten die Maler auch gerne den Geruch gemalt, wenn sie gekonnt hätten.

Wie die Namen »Viola« und »Veilchen« abzuleiten sind, ist nicht so einfach. Manche Botaniker meinten, es stamme von »via« her, da es »das Blümchen am Wege« sei (Nießen1934: 247). Doch tauchen schon früh Namen wie Blau Veilgen in Schlesien, Märzveilgel in Schwaben, Merzenveil bei Leonhart Fuchs und Merzenviolen bei Hieronymus Bock auf und dann das »Veilchen« wieder in Schlesien. Inwieweit ein Zusammenhang mit der Farbe violett besteht, konnten Botaniker und Etymologen nicht eindeutig klären. Näher liegt wohl, dass das althochdeutsche »fiol« auf das lateinische »viola« zurückzuführen sei und das entstammt vielleicht einer alten, nichtindoeuropäischen Mittelmeersprache (Krausch: 492). Verwirrung stiftete der Name auch, da er ebenfalls für einige andere Pflanzen mit duftenden Blüten verwandt wurde, so für den Goldlack oder die Levkoje, welche beide nicht den Veilchengewächsen, sondern den Kreuzblütlern angehören, wie auch für die Marien-Glockenblume aus der Familie der Glockenblumengewächse. Ja, es wurde Zeit, dass Carl von Linné Mitte des 18. Jahrhunderts unter diesen ganzen Wirrwarr einen Schlussstrich setzte und »Viola« nur noch in der Familie der Veilchengewächse zuhause ist.

Aber Chaos gibt es auch heute noch. Im deutschsprachigen Raum gibt es knapp dreißig Pflanzenarten in der Gattung »Viola«, wozu unser Veilchen, aber auch das Stiefmütterchen gehört. Die Familie heißt zwar »Veilchengewächse«, aber sie könnte auch »Stiefmütterchengewächse« heißen. Das Problem ist, dass zwischen den verschiedenen Violaarten seit Jahrhunderten gekreuzt und gekreuzt und gekreuzt wurde und wird. Um 1810 erblickte *Viola x wittrockiana,* unser Gartenstiefmütterchen, das Licht der Welt, benannt nach dem schwedischen Forscher Veit Brecher Wittrock, der ein Buch über das Gartenstiefmütterchen geschrieben hatte (das x steht im Namen, um zu verdeutlichen, dass es sich um eine Hybride, eine Kreuzung, handelt).

Ausgangsarten waren das Wilde Stiefmütterchen *Viola tricolor* und das Wiesen-Stiefmütterchen, *Viola tricolor* subsp. *subalpina* (Krausch: 492). In der Folge wurden noch andere Viola-Sippen eingekreuzt, was die Situation auch nicht überschaubarer macht. An dieser Stelle setze ich jetzt einen Schlussstrich. Ich möchte nur noch kurz auf den Unterschied zwischen einem Veilchen und einem Stiefmütterchen eingehen.

Dazu ist es am einfachsten, die gefärbten Blütenblätter zu betrachten. Bei den Veilchen zeigen die beiden oberen Kronblätter nach oben, bei den Stiefmütterchen sind es die vier oberen Kronblätter.

Viola tricolor
Viola x wittrockiana

WILDES STIEFMÜTTERCHEN
DREIFALTIGKEITSBLUME
FREISAMKRAUT
GARTENSTIEFMÜTTERCHEN

JEDER KENNT DAS STIEFMÜTTERCHEN, SCHMÜCKT ES doch im Frühling Garten und Balkon und ist in den Parks in Rabatten gepflanzt. Kultursorten, wie *Viola x wittrockiana,* sind nicht so kälteempfindlich. Schneeschauer machen ihnen nicht den Garaus.

Den Namen bekam das beliebte Pflänzchen, weil in seiner Blüte die Stiefmutter, deren eigene beiden Kinder und zwei Stiefkinder zu finden sind. Der Vater ist fast nicht zu entdecken. Richtig zu sehen ist der erst dann, wenn seine gesamte Familie ausgegangen ist. Der Vater sitzt auch nicht auf einem Stuhl, wie seine Frau und die vier Kinder. Was es mit der Familie auf sich hat, lässt sich entschlüsseln, wenn wir eine Blüte aufmerksam betrachten. Dazu nehmen wir am besten ein nicht so hoch gezüchtetes Stiefmütterchen, das auch wirklich noch fünf Kronblätter und fünf Kelchblätter sein eigen nennt.

Wir blicken in das Gesicht des Stiefmütterchens, betrachten seine drei (tricolor) Farben blau, gelb und weiß und zählen die Kronblätter. Es sind fünf unterschiedlich große. Am größten ist das einzelne unten stehende Blütenblatt, das am schönsten gefärbt ist. Daneben zu beiden Seiten sehen wir zwei relativ große, aber nicht mehr so farbenprächtige Kronblätter. Und ganz oben stehen die zwei kleinsten Kronblätter, die am wenigsten schmuck aussehen. In der Mitte der Blüte schaut etwas Pelziges in weiß und gelb hervor.

Nun drehen wir die Blüte um und betrachten seine Rückseite. Wir sehen fünf grüne, schmale Kelchblätter. Hinter dem unteren Kronblatt stehen zwei Kelchblätter. Bei den beiden seitlich stehenden Blütenblättern ist jeweils nur ein Kelchblatt zu sehen, und hinter beiden oberen Kronblättern steht nur ein Kelchblatt.

Wir phantasieren nun, dass diese fünf Kelchblätter die fünf Stühlchen sind, auf denen die Stiefmutter, deren zwei Töchter und zwei Stieftöchter sitzen. Das untere größte und farbenprächtigste Kronblatt ist die Stiefmutter. Sie hat sich auf zwei Stühlen breit gemacht. Rechts und links von ihr sitzen ihre beiden noch standesgemäß geschmückten Töchter auf jeweils einem Stühlchen. Und wenn wir nach oben schauen, stellen wir fest, dass die beiden oberen Kronblätter die im einfachen Gewand gekleideten Stieftöchter sind, die sich mit einem gemeinsamen Stühlchen zufrieden geben müssen!

Und was ist mit dem Vater? Wir betrachten die Blütenmitte, auf das winzige Pelzige in weiß und gelb. Hier hat sich der Vater versteckt. Man sagt, er hätte vor Ärger einen weißen Kopf bekommen und stecke mit seinen Beinchen tief in einem Fußsack, so dass er kaum herausgucken kann! Erst wenn die Stiefmutter und alle Töchter ausgegangen sind (dazu müssen wir leider alle Blütenblätter abzupfen), kommt er zum Vorschein. Botanisch betrachtet sehen wir fünf winzige Staubblätter und den kleinen Fruchtknoten mit Narbe.

An dieser Stelle (also am Vater vorbei) muss das bestäubende Insekt seinen Rüssel hineinstecken, will es Nektar schlürfen. Doch wo ist der Trank zu finden? Dazu hat der liebe Gott der Stiefmutter einen gewaltigen Höcker beschert. Den sehen wir, wenn wir die Stiefmutter, respektive das untere Kronblatt von hinten betrachten. Der Höcker ist ein Sporn, in dem die Insekten den begehrten Nektar finden. Auch die beiden Töchter haben etwas abbekommen vom lieben Gott. Der hat ihnen einen pelzigen Bart wachsen lassen, in weiß oder gelb. Und die beiden Stieftöchter? Was haben die abbekommen? Sie sind nicht schöner geworden, aber sie haben den besten Platz und stehen ganz oben.

In vielen deutschen Landen führte das Pflänzchen in seinem Namen die Stiefmutter, wie »Steefmömekens« in Mecklenburg, »Stiefmütterl« in Kärnten und Tirol, »Stifmütterle« in Augsburg, »Stiefmütterlein« in Schlesien und so fort.

Das dreifarbige Ackerstiefmütterchen, *Viola arvense,* wurde auch Dreifaltigkeitsblümlein genannt, wie eine Legende aus der Oberpfalz berichtet: »Einst stand es in dem Rufe eines ganz besonderen Heilkrautes; dazu duftete es gar lieblich und angenehm und übertraf bei weitem das Veilchen. Seinen Standort hatte es meistens im Korn. Da nun das Volk sehr fleißig das duftende Heilkraut suchte, wurde die Saat dabei arg zertreten. Das tat dem Blümchen bald sehr leid, und es bat die heilige Dreifaltigkeit, ihm doch den Duft zu nehmen. Die Bitte ward erfüllt, und zum Andenken an diese bescheidene, demutsvolle Bitte bekam es den Namen Dreifaltigkeitsblümchen.« (Rehling & Bohnhorst: 260) Nach den drei Farben hieß es auch *Drei-Gesichtel in einem Hut*.

Stiefmütterchen sind noch heute in Arzneipflanzengärten gepflanzt. Es wird bei Hauterkrankungen angewandt und Freisamkraut genannt. »Freisam« bedeutet Milchschorf. Das ist ein Ausschlag, von dem besonders der Kopf kleiner Kinder betroffen ist. Ob dies wirklich auf »Signatura rerum« zurückzuführen ist – die Blüte sieht einem Gesicht ähnlich – bleibt dahingestellt. Dem kleinen Kind gab man ins erste Bad etwas vom Kraut und sprach: »Ech bueden (bade) dich äm Name Gottes usw., spuckt dann dreimal ins Wasser, legt dann erst das Kind hinein« (Handwörterbuch des deutschen Aberglaubens).

’s ist wieder März geworden

’s ist wieder März geworden
vom Frühling keine Spur!
ein kalter Hauch aus Norden
erstarret rings die Flur

’s ist wieder März geworden –
März, wie es eh´dem war:
Mit Blumen, mit verdorrten
erscheint das junge Jahr

Mit Blumen, mit verdorrten?
O nein, doch das ist Scherz –
gar edle Blumensorten
bringt blühend uns der März

Seht doch die »Pfaffenhütchen«:
den »Rittersporn«, wie frisch!
Von den gesternten Blütchen –
welch farbiges Gemisch!

Der März ist wohl erschienen.
Doch ward es Frühling? – nein!
Ein Lenz kann uns nur grünen
im Freiheitssonnenschein

Seht hier den »Wütrich« thronen
beim »Tausendgüldenkraut«,
dort jene »Kaiserkronen«
die »Königskerze« schaut!

Wie zahlreich die »Mimosen«
das »Zittergras« wie dicht
Doch freilich »rote Rosen«
die kamen diesmal nicht.

Zum Auftakt unseres Büchleins haben wir ein Gedicht gesetzt mit dem Namen »Ein Brautkranz«. In diesem Kranz sind viele Blumen geflochten, hinter deren Namen die liebsten Wünsche verborgen sind, welche sich die Braut von ihrem Mann erhofft: den Augentrost und Ehrenpreis, das Vergissmeinnicht und Mannstreu.
Der Schlusspunkt unseres Buches mit den zauberhaften alten Pflanzennamen wird durch ein Gedicht gesetzt, in dem Freunde und Gegner der Märzrevolution von 1848 hinter den Pflanzen zu finden sind. Wir lesen von Wütrich und Kaiserkronen, gesternten Blütchen und Zittergras und wissen, welche Vertreter der Gesellschaft damals damit gemeint waren. Der von vielen Bürgern erhoffte politische »Frühling« unter König Friedrich Wilhelm IV. war nicht eingetreten. Auch nicht für August Freiherr von Seckendorff. Er bettete ein Jahr nach der gescheiterten Märzrevolution sein Bedauern in dieses Gedicht. Aufgetaucht ist es erst wieder im Jahr 1978, als die »Zupfgeigenhansel« ein schönes Lied zum Text komponierten. Es ist auf ihrer Schallplatte »Im Krug zum grünen Kranze« zu hören.

Blühkalender

Hier finden Sie die Blühzeiten unserer Samenpflanzen, wie sie in Botanikbüchern angegeben sind. Blühzeiten sind artspezifisch. Auch der Standort hat großen Einfluss auf die Blühzeit und die Blühdauer. Bodenbeschaffenheit, sonniger oder eher halbschattiger, feuchter oder trockener Standort sind wichtige Faktoren, wenn es um die Blühzeit geht. Es kann passieren, dass Sie außerhalb der angegebenen Monate ein blühendes Pflänzchen zum Beispiel im Schatten eines Baumes entdecken, obwohl seine Zeit zum Blühen eigentlich vorbei ist. Oder die Pflanzen suchen sich ihren eigenen Standort, weil er ihnen besser gefällt.

Botanischer Name	**Gebräuchl. deutscher Name**	**Blühzeit**
Alchemilla vulgaris	Frauenmantel	Mai-Sept.
Alisma plantago-aquatica	Gewöhnlicher Froschlöffel	Juni-Sept.
Alliaria petiolata	Knoblauchsrauke	April-Aug.
Antennaria dioica	Gemeines Katzenpfötchen	Mai-Juli
Antirrhinum majus	Großes Löwenmäulchen	Mai-Okt.
Aquilegia vulgaris	Gewöhnliche Akelei	Mai-Juni
Arctium lappa	Große Klette	Juli-Sept.
Arum maculatum	Gefleckter Aronstab	April-Mai
Aster	Sternblume	Juni-Sept.
Bellis perennis	Gänseblümchen	März-Nov.
Calendula officinalis	Gartenringelblume	Mai-Okt.
Campanula	Glockenblume	Mai-Juli
Capsella bursa-pastoris	Echtes Hirtentäschel	Jan.-Dez.
Cardamine pratensis	Wiesenschaumkraut	April-Aug.
Centaurium erythraea	Echtes Tausendgüldenkraut	Juni-Sept.
Chelidonium majus	Schöllkraut	April-Okt.
Chenopodium bonus-henricus	Guter Heinrich	Mai-Aug.
Cichorium intybus	Gemeine Wegwarte	Juni-Sept.
Convolvulus arvensis	Ackerwinde	Juni-Sept.
Datura stramonium	Gemeiner Stechapfel	Juni-Okt.
Daucus carota	Wilde Möhre	Juni-Sept.
Delphinium	Rittersporn	Mai-Aug.
Dipsacus sativus	Weberkarde	Juli-Aug.
Epilobium angustifolium	Schmalblättriges Weidenröschen	Juni-Aug.

Botanischer Name	**Gebräuchl. deutscher Name**	**Blühzeit**
Eryngium maritimum	Stranddistel	Juni-Sept.
Eschscholzia californica	Schlafmützchen	Mai-Aug.
Fuchsia	Fuchsie	Juni-Sept.
Galeopsis speciosa	Bunter Hohlzahn	Juni-Okt.
Geum urbanum	Echte Nelkenwurz	Mai-Sept.
Glechoma hederacea	Gundermann	März-Juni
Helleborus niger	Schwarze Nieswurz	Febr.-März
Hepatica nobilis	Leberblümchen	März-April
Hypericum perforatum	Johanniskraut	Juni-Sept.
Impatiens noli-tangere	Großes Springkraut	Juni-Sept.
Lunaria rediviva	Ausdauerndes Springkraut	Mai-Juli
Lychnis flos-cuculi	Kuckuckslichtnelke	Mai-Juli
Malva sylvestris	Große Käsepappel	Juni-Okt.
Myosotis sylvatica	Wald-Vergissmeinnicht	April-Juli
Nigella damascena	Jungfer im Grünen	Mai-Aug.
Nuphar luteum	Teichmummel	Juni-Sept.
Nymphaea alba	Weiße Seerose	Juni-Sept.
Oenothera biennis	Gemeine Nachtkerze	Juni-Sept.
Orchis	Knabenkraut	April-Juni
Origanum vulgare	Gemeiner Dosten	Juli-Okt.
Pedicularis	Läusekraut	April-Sept.
Physalis alkengii	Lampionpflanze	Mai-Aug.
Polygala vulgaris	Kreuzblümchen	Mai-Sept.
Polygonatum odoratum	Salomonssiegel	Mai-Juni
Polygonum aviculare	Vogelknöterich	Juni-Nov.
Potentilla erecta	Tormentill	Mai-Sept.
Primula officinalis	Schlüsselblume	April-Juni
Pulmonaria officinalis	Geflecktes Lungenkraut	März-Mai
Pulsatilla vulgaris	Echte Küchenschelle	März-Mai
Ranunculus ficaria	Scharbockskraut	März-Mai
Rhinanthus	Klappertopf	Mai-Sept.
Sanguisorba officinalis	Großer Wiesenknopf	Juni-Sept.
Saponaria officinalis	Gemeines Seifenkraut	Juni-Sept.
Sempervivum tectorum	Dachwurz	Juli-Aug.
Taraxacum officinale	Löwenzahn	April-Juni
Trollius europaeus	Trollblume	Mai-Aug.
Tussilago farfara	Huflattich	Febr.-April
Veronica chamaedrys	Gamander-Ehrenpreis	April-Juli
Viola tricolor	Wildes Stiefmütterchen	März-Sept.

Literaturverzeichnis

Äpfel aus dem Paradies, 1965. Legenden der Welt. Zusammengestellt von Georg Adolf Narciß. Vorwort Gertrud von le Fort. Ehrenwirth Verlag, München.

Ahrendt, Dorothee & Gertraud Aepfler, 1997. Goethes Gärten in Weimar. Edition Leipzig.

Arnim, Bettine von, 1835. Goethes Briefwechsel mit einem Kinde, Nachdruck 1984. Insel Verlag, Frankfurt a. M. (Internet: Projekt Gutenberg. Spiegel online)

Die Deutschen Gesellschaftslieder, Ein Brautkranz, aus alten fliegenden Liederzettel 16. Jh. in »Idunna + Hermode«, 1812, nach Hoffmann von Fallersleben

Fitter, Richard, Alastair Fitter & Marjorie Blamey, 2000. Pareys Blumenbuch. Blütenpflanzen Deutschlands und Nordwesteuropas. Parey Verlag Berlin. 3. Aufl.

Fontane, Theodor, 1966. Effi Briest. Wilhelm Goldmann Verlag München. Nachwort von Walter Müller-Seidel.

Genaust, Helmut, 2012. Etymologisches Wörterbuch der botanischen Pflanzennamen. Lizenzausgabe für Nikol Verlag Hamburg.

Grimm, Jakob, 1835. Deutsche Mythologie. Neuauflage der Ausgabe durch Drei Lilien Verlag, Wiesbaden, 1992 (Internet:Projekt Gutenberg. Spiegel online).

Handwörterbuch des deutschen Aberglaubens, 10 Bde., 1927-1943. Hrsg. v. Hanns Bächtold-Stäubli unter Mitwirkung von Eduard Hoffmann-Krayer. Verlag Walter de Gruyter, Berlin/Leipzig. Nachdruck Walter de Gruyter Berlin, 2000.

Krausch, Heinz-Dieter, 2007. Kaiserkron und Päonien rot … Von der Entdeckung und Einführung unserer Gartenblumen. DTV, München.

Marzell, Heinrich, 1925. Die Pflanzen im deutschen Volksleben. Eugen Diederichs. Jena.

Nießen, Josef, 1934. Rheinische Volksbotanik. Die Pflanzen in Sprache, Glaube und Brauch des rheinischen Volkes. 1. Band: Die Pflanzen in der Sprache des Volkes. Ferd. Dümmlers Verlag, Berlin, Bonn.

Nießen, Josef, 1937. ebda., 2. Band: Die Pflanzen im Volksglauben und Volksbrauch. Ferd. Dümmlers Verlag, Berlin, Bonn.

Peters, Hermann, 1928. Aus der Geschichte der Pflanzenwelt in Wort und Bild. Hrsg. v. d. Gesellschaft für Geschichte der Pharmazie. Arthur Nemayer Verlag, Mittenwald.

Pritzel, G. & C. Jessen, 1882. Die deutschen Volksnamen der Pflanzen. Neuer Beitrag zum deutschen Sprachschatze. Verlag Philipp Cohen, Hannover.

Reling, H. & J. Bohnhorst, 1889. Unsere Pflanzen nach ihren deutschen Volksnamen, ihrer Stellung in Mythologie und Volksglauben, in Sitte und Sage, in Geschichte und Literatur. E.F. Thienemanns Hofbuchhandlung, Gotha. 2. Aufl.

Rothmaler, Werner, 1999. Exkursionsflora von Deutschland, Band 2. Hrsg. v. M. Bäßler, E.J. Jäger, K. Werner. Spektrum Akad. Verl. Heidelberg. 17. bearb. Aufl.

Strantz, Moritz, von 1875. Die Blumen. Sage und Geschichte. Ensslin Verlag, Berlin.

Warnke, Fr., 1878. Pflanzen in Sitte, Sage und Geschichte. Druck und Verlag B.G. Teubner. Nachdruck von REGIA Verlag, Cottbus. 2015.

Zander, Robert. 1980. Handwörterbuch der Pflanzennamen. Eugen Ulmer, Stuttgart. 12. Aufl.

Bildquellenverzeichnis

Wikimedia Commons:

Abbildungen der in Deutschland und den angrenzendenGebieten vorkommenden Grundformen der Orchideenarten. 60 Tafeln nach der Natur gemalt und in Farbendruck ausgeführt von Walter Müller (Gera) mit beschreibendem Text von Dr. F. Kränzlin (Berlin), 1904: Seite 89

American plants, Joseph Dalton Hooker, Illustration: Mary Vaux Walcott, 1885: Seiten 63-64

Atlas der Alpenflora, Anton Hartinger, 1882: Seiten 50, 62

Atlas des plantes de France. 1891: Seite 110

Bilder ur Nordens Flora, Stockholm. Carl Axel M. Lindman: Seiten 9, 12, 54, 93

Curtis's botanical magazine from www.botanicus.org: Seite 65,

Deutschlands Flora in Abbildungen, 1796, Johann Georg Sturm, Illustrator: Jacob Sturm. Source: www.BioLib.de: Seiten 4, 5, 14-15, 21, 26, 30-32, 45, 47, 49, 66-67, 73, 75-76, 79, 93, 95, 97,06 105-106, 112, 125, 129-130, 133

Elizabeth Blackwell's A Curious Herbal, 1737: Seite 114

Flora Batava, Janus (Jan) Kops, Illustrator: Christiaan Sepp. Source: www.BioLib.de: Umschlagabb., Seiten 3, 5, 8, 27, 41, 46, 100, 109, 133

Flora de Filipinas, Francesco Manuel Bianco, 1880-1883: Seite 133

Flora Japonica, Philipp Franz von Siebold, Gerhard Zuccarina, 1870: Seite 133

Flora parisiensis, ou description et figures des plantes qui croissent aux environs de Paris, M. Bulliard, Paris 1777: Seite 44, 102

Flora von Deutschland, Österreich und der Schweiz 1885. Prof. Dr. Otto Wilhelm Thomé, Gera, Germany Permission granted to use under GFDL by Kurt Stueber Source: www.BioLib.de: Seiten 4, 5, 11, 13, 16-19, 22-24, 33, 37, 39, 46, 52, 56, 59-61, 67-68, 70, 72, 77, 84-88, 90, 94, 96, 99, 104, 107-108, 116-117, 119-121, 123-124, 127, 129, 133

Flore coloriée de poche du littoral méditerranéen de Gènes à Barcelone y compris la Corse, O. Penzig, Paris, 1902: Umschlagabb., Seiten 3, 81-82

Gart der Gesundheit, Mainz 1485: Seite 18 unten, 114

Gottorfer Codex: 133

Hausbuch der Mendelschen Zwölfbrüderstiftung, Nürnberg 1611, via http://www.nuernberger-hausbuecher.de: Seite 57

John Curtis, »British Entomology, being illustrations and descriptions of the genera of insects found in Great Britain and Ireland«: Seite 115

Köhler's Medizinal-Pflanzen, 1897, Franz Eugen Köhler: Seiten 28, 51, 78, 121, 133

Lochner, Stephan: Madonne mit dem Veilchen, vor 1450: Seite 128

Medical botany, 1832. Hooker, W. J., Bohn, J., Sowerby, J., Spratt, G. & Woodville, W.; J. Bohn (Hrsg.), London. Source: https://archive.org/stream/mobot31753000809233#page/13/mode/1up: Seite 19

Melzi, Francesco, Porträt einer Frau, um 1520: Seite 48

The families of flowering plants: descriptions, illustrations, identification, and information retrieval. Watson, L., a. Dallwitz, M.J. 1992: Bot. Mag. 28, 1786: Seite 92

Wikimedia Commons, Foto H. Zell, bearb. G. Fröba: Seite 64 rechts

Alle übrigen Abbildungen: Archiv Transit Buchverlag

Namensregister

Rosemarie Gebauer wuchs in einem Garten auf. Nach verschiedenen Berufen schloss sie ihr Studium an der Freien Universität Berlin als Diplombiologin ab. Es folgten Lehraufträge und Anstellung als wissenschaftliche Angestellte. Dann lenkte sie nach und nach ihren Weg dorthin, wo sie alle ihre sonstigen Leidenschaften um die geliebte Botanik gruppieren konnte. Es gibt für sie nichts Schöneres, als mit einer Gruppe die geschichtsträchtigen Parks und Gärten Berlins und Brandenburgs zu erschließen oder auf einer Wiese Wiesengedichte vorzutragen oder im Wald Baumbetrachtungen anzustellen. Ihre Vorträge und Führungen lassen Alexander von Humboldts Orinokoreise mit deren Flora und Fauna wieder lebendig werden oder sie begleitet Goethe auf dessen botanische Exkursion nach Italien oder irrt mit Homers Odysseus durch die mediterrane Flora. Als erste in Deutschland machte sie in einem Museum Führungen zur Pflanzensymbolik Alter Meister und begeistert seit Jahrzehnten mit ihren botanisch-literarischen Veranstaltungen.